酷科学·科技前沿

KUKEXUE KEJI QIANYAN

GAIBIAN SHIJIE DE XINCAILIAO

改变世界的新材料

张红琼◎主编

时代出版传媒股份有限公司
安徽美术出版社
全国百佳图书出版单位

图书在版编目（CIP）数据

改变世界的新材料/张红琼主编. —合肥：安徽美术出版社，

2013.3（2025.1重印）

（酷科学．科技前沿）

ISBN 978－7－5398－4237－0

Ⅰ.①改… Ⅱ.①张… Ⅲ.①新材料应用－青年读物

②新材料应用－少年读物 Ⅳ.①TB3－49

中国版本图书馆 CIP 数据核字（2013）第 044297 号

酷科学·科技前沿
改变世界的新材料

张红琼 主编

出 版 人：王训海

责任编辑：张婷婷

责任校对：倪雯莹

封面设计：三棵树设计工作组

版式设计：李 超

责任印制：欧阳卫东

出版发行：时代出版传媒股份有限公司

　　　　　安徽美术出版社（http://www.ahmscbs.com）

地　　址：合肥市政务文化新区翡翠路 1118 号出版传媒广场 14 层

邮　　编：230071

销售热线：0551-63533604 0551-63533607

印　　制：三河市人民印务有限公司

开　　本：787 mm×1092 mm　1/16　印 张：14

版(印)次：2013 年 4 月第 1 版　2025 年 1 月第 4 次印刷

书　　号：ISBN 978－7－5398－4237－0

定　　价：49.80 元

　　材料是人类文明的物质基础，是人类进步的里程碑。人类的历史可以说是材料利用的历史，每一种重要材料的发现、发明和利用，都会将人类改造自然的能力提高到一个新的水平，给社会和生活带来重大的变革，将人类的物质文明和精神文明向前推进一步。那么材料到底是什么呢？很简单，只要你向四周看看，就可以发现材料无处不在。我们穿的衣服是由各种材料制成的；我们住的房屋是由各种材料建成的；窗户上的玻璃、吃饭用的餐具、通信用的手机、乘坐的汽车、家里的电器等都是由各种各样的材料制成的。小到简单的缝衣针，大到复杂的航天飞机，都离不开材料这一基础物质。

　　随着科学技术的发展，人们在传统材料的基础上，根据现代科技的研究成果，开发出新材料。新材料按材料的属性划分，有金属材料、无机非金属材料、有机高分子材料、先进复合材料四大类。按材料性能分，有结构材料和功能材料。新材料在国防建设上作用重大。例如，超纯硅、砷化镓研制成功，导致大规模和超大规模集成电路的诞生，使计算机运算速度从每秒几十万次提高到现在的每秒百亿次以上；航空发动机材料的工作温度每提高 100℃，推力可增大 24%；隐身材料能吸收电磁波或降低武器装备的红外辐射，使敌方探测系统难以发现等。

21 世纪科技发展的主要方向之一是新材料的研制和应用。新材料的研究，是人类对物质性质认识和应用向更深层次的进军。

CONTENTS

目录 ◀ 改变世界的新材料

材料的发展史

　　材料是人类赖以生存和发展的物质基础。20世纪70年，人们把信息、材料和能源誉为当代文明的三大支柱。20世纪80年代，以高技术群为代表的新技术革命，又把新材料、信息技术和生物技术并列为作新技术革命的重要标志。这主要是因为材料与国民经济建设、国防建设和人民生活密切相关。

　　新材料与传统材料之间并没有明显的界限，传统材料通过应用新技术，提高技术含量，提高性能，大幅度增加附加值而成为新材料；新材料在经过长期生产与应用之后也就成为了传统材料。传统材料是发展新材料和高技术的基础，而新材料又往往能推动传统材料的进一步发展。

◐ 漫话材料

材料是人类用于制造物品、器件、构件、机器或其他产品的物质。

传统材料是指那些已经成熟且在工业中批量生产并大量应用的材料，如钢铁、水泥、塑料等。这类材料由于其量大、产值高、涉及面广泛，又是很多支柱产业的基础，所以又称为基础材料。

材料是物质，但不是所有物质都可以称为材料。如燃料、化学原料、工业化学品、食物和药物，一般都不算是材料。但是这个定义并不那么严格，如炸药、固体火箭推进剂，一般称之为"含能材料"，因为它属于火炮或火箭的组成部分。

材料是人类赖以生存和发展的物质基础。20世纪70年代，人们把信息、材料和能源誉为当代文明的三大支柱。20世纪80年代，以高技术群为代表的新技术革命，又把新材料、信息技术和生物技术并列作为新技术革命的重要标志。这主要是因为材料与国民经济建设、国防建设和人民生活密切相关。

基本小知识

水 泥

水泥是一种粉状水硬性无机胶凝材料。水泥加水搅拌后成浆体，能在空气中硬化或者在水中更好地硬化，并能把砂、石等材料牢固地胶结在一起。水泥的历史最早可追溯到古罗马人在建筑中使用的石灰与火山灰的混合物，这种混合物与现代的石灰火山灰水泥很相似。用它胶结碎石制成的混凝土，硬化后不但强度较高，而且还能抵抗淡水或含盐水的侵蚀。长期以来，它作为一种重要的胶凝材料，被广泛应用于土木建筑、水利、国防等工程。

材料除了具有重要性和普遍性以外，还具有多样性。由于多种多样，分类方法也就没有一个统一的标准。

　　材料也是人类进化的标志之一，任何工程技术都离不开材料的设计和制造工艺，一种新材料的出现，必将支持和促进当时文明的发展和技术的进步。

➤ 材料的发展概述

　　从人类的出现到 21 世纪的今天，人类的文明程度不断提高，材料及材料科学也在不断发展。在人类文明的进程中，材料大致经历了以下五个发展阶段。

　　1. 使用纯天然材料的初级阶段。在远古时代，人类只能使用天然材料（如兽皮、甲骨、羽毛、树木、草叶、石块、泥土等），相当于人们通常所说的旧石器时代。这一阶段，人类所能利用的材料都是纯天然的。在这一阶段的后期，虽然人类

拓展阅读

旧石器时代

　　旧石器时代在古地理学上是指人类开始以石器为主要劳动工具的文明发展阶段，是石器时代的早期阶段。一般划定此时期为距今 250 万年至 1 万多年前。其时期划分一般采用三分法，即旧石器时代早期、中期和晚期，大体上分别对应于人类体质进化的能人和直立人阶段、早期智人阶段、晚期智人阶段。旧石器时代之后为中石器时代。

文明的程度有了很大进步，在制造器物方面有了种种技巧，但都只是纯天然材料的简单加工。

　　2. 人类单纯利用火制造材料的阶段。这一阶段横跨人们通常所说的新石器时代、铜器时代和铁器时代，也就是距今约 1 万年前到 20 世纪初的一个漫长的时期，并且延续至今。它们分别以人类的三大人造材料为象征，即陶、铜和铁。这一阶段主要是人类利用火来对天然材料进行煅烧、冶炼和加工的时代。例如人类用天然的矿土烧制砖瓦和陶瓷，以后又制出玻璃、水泥以及从各种天然矿石中提炼铜、铁等金属材料等。

拓展阅读

新石器时代

新石器时代是石器时代的最后一个阶段。它是以使用磨制石器为标志的人类物质文化发展阶段。这一名称是英国考古学家卢伯克于 1865 年首先提出的。这个时代在地质年代上已进入全新世，继旧石器时代之后，或经过中石器时代的过渡而发展起来，属于石器时代的后期。新石器时代从 1.8 万年前开始，结束时间从距今 5000 多年至 2000 多年不等。

3. 利用物理与化学原理合成材料的阶段。20 世纪初，随着物理和化学等科学的发展以及各种检测技术的出现，人类一方面从化学角度出发，开始研究材料的化学组成、化学键、结构及合成方法；另一方面从物理学角度出发开始研究材料的物理性质，就是以凝聚态物理、晶体物理和固体物理等作为基础来说明材料组成、结构及性能间的关系，并研究材料制备和使用材料的有关工艺性问题。由于物理和化学等科学理论在材料技术中的应用，从而出现了材料科学。

知识小链接

化学键

化学键是一种粒子间的吸引力，其中粒子可以是原子、离子或分子。透过化学键，粒子可组成多原子的化学物质。化学键由两相反电荷间的电磁力引起，电荷可能来自电子和原子核，或由偶极子造成。化学键种类繁多，其能量大小、键长亦有所不同。能量较高的"强化学键"包括共价键、离子键，而分子间力和氢键等"弱化学键"则能量较低。

在此基础上，人类开始了人工合成材料的新阶段。这一阶段以合成高分子材料的出现为开端，一直延续到现在，而且仍将继续下去。人工合成塑料、合成纤维及合成橡胶等合成高分子材料的出现，加上已有的金属材料和陶瓷材料（无机非金属材料）构成了现代材料的三大支柱。除合成高分子材料以外，人类也合成了一系列的合金材料和无机非金属材料。超导材料、半导体材料、光纤等材料都是这一阶段的杰出代表。

基本小知识

合　金

合金是由两种或两种以上的金属与非金属经一定方法所合成的具有金属特性的物质。根据组成元素的数目，合金可分为二元合金、三元合金和多元合金。中国是世界上最早研究和生产合金的国家之一，在商朝（距今3000多年前）青铜（铜锡合金）工艺就已非常发达；公元前6世纪左右已用合金锻打出锋利的剑。

从这一阶段开始，人们不再是单纯地采用天然矿石和原料，而是经过简单的煅烧或冶炼来制造材料，而且能利用一系列物理与化学原理及现象来创造新的材料。并且根据需要，人们可以在对以往材料组成、结构及性能间关系的研究基础上，进行材料设计。人们使用的原料本身有可能是天然原料，也有可能是合成原料。而材料合成及制造方法更是多种多样。

4.材料的复合化阶段。20世纪50年代，金属陶瓷的出现标志着复合材料时代的到来。随后又出现了玻璃钢、铝塑薄膜、梯度功能材料以及最近出现的抗菌材料的热潮，都是复合材料的典型实例。它们都是为了适应高新技术的发展以及人类文明程度的提高而产生的。到这时，人类已经可以利用新的物理、化学方法，根据实际需要设计独特性能的材料。

广角镜

玻璃钢

玻璃钢亦称玻璃纤维或玻璃纤维增强塑料，是一种以高分子环氧树脂为基体，玻璃纤维或碳纤维等为增强体，经过复合工艺而制成的复合材料。它的优点包括轻巧、耐腐蚀、抗老化和绝缘，所以常用于制造各种运动用具、管道、船舶、汽车与电子产品的外壳与印刷电路板。

智能材料——光致变色玻璃

现代复合材料最根本的思想不只是要使两种材料的性能变成3加3等于6，而是要想办法使它们变成3乘3等于9，乃至更大。严格来说，复合材料并不只限于两类材料的复合。只要是由两种不同材质相组成的材料都可以称为复合材料。

5. 材料的智能化阶段。自然界中的材料都具有自适应、自诊断和修复的功能。如所有的动物或植物都能在没有受到绝对破坏的情况下进行自诊断和修复。人工材料目前还不能做到这一点。但是近三四十年研制出的一些材料已经具备了其中的部分功能。这就是目前最吸引人们注意的智能材料，如形状记忆合金、光致变色玻璃等。尽管近10余年来，智能材料的研究取得了重大进展，但是离理想智能材料的目标还相距甚远，而且严格来讲，目前研制成功的智能材料还只是一种智能结构。

知识小链接

形状记忆合金

形状记忆合金，简称记形合金，是一种在加热升温后能完全消除其在较低的温度下发生的变形，恢复其变形前原始形状的合金材料。除上述形状记忆效应外，这种合金的另一个独特性质是在高温下发生的"伪弹性"行为，表现为这种合金能承载比一般金属大几倍甚至几十倍的可恢复应变。形状记忆合金的这些独特性质源于其内部发生的一种独特的固态相变——热弹性马氏体相变。

如上所述，在20世纪中，材料经历了五个发展阶段中的三个阶段，这种发展速度是前所未有的。总的说来，目前材料科学的发展有以下几个特点：超纯化（从天然材料到合成材料）、量子化（从宏观控制到微观和介质控制）、复合化（从单一到复合）及可设计化（从经验到理论）。当前，高技术新材料的发展日新月异，材料科学的内涵也日益丰富，未来会出现什么样的高技术材料？材料科学又将发展到何种程度？我们很难预料。

◤ 新材料与能源——人类文明的奠基石

在人类的历史长河中，新材料不断创造着人类新的生活。如果我们用新材料的涌现以及从新材料及其技术对推动人类社会发展的作用来描述人类的历史，那么，自古至今，人类已经经历了它的旧石器时代、新石器时代、青铜时代、铁器时代、钢铁时代、高分子材料时代、复合材料时代等，现代人类更是进入到了一个以高性能材料为代表的多种材料并存的时代。可以说，新材料的使用不仅仅使生产力获得极大的解放，从而极大地推动了人类社会的进步，而且在人类文明进程中具有里程碑的意义。

那么何为"新材料"？显然，它包含着这样两个层面的含义：一是对传统材料的再开发，使其在性能上获得重大突破的材料；二是采用新工艺和新技术合成，开发出具有各种新的和特殊功能的材料。由此可以看出，新材料与新工艺、

拓展阅读

青铜时代

青铜时代，又称青铜器时代、青铜文明，在考古学上是以使用青铜器为标志的人类文化发展的一个阶段。青铜是红铜和锡的合金，因为其氧化物颜色青灰，故名青铜。青铜时代初期，青铜器比重较小，主要以石器为主，进入中后期，青铜器比重逐步增加。自从有了青铜器和随之的数量增加，农业和手工业的生产力水平不断提高，物质生活条件也渐渐丰富。青铜铸造术的发明，与石器时代相比，具有划时代的意义。

新技术有着密切的关系。

一方面，新工艺与新技术的使用不断地扩展了人类的技术手段，从而使人类更加充分地开发传统材料中的各种新的性能或功能。更重要的是，通过新的合成工艺与技术，使人类获得种类更多、性能更佳的材料，如纳米材料、多相材料。另一方面，诸多具有特殊性能材料的涌现，推动了高新技术的快速发展。这一点，在现代社会表现得尤为突出。可以说，新材料已经成为高新技术的基础与先导。

在现代社会，新材料以及新材料中的高新技术正在为人类展开一个新世界的画卷。人类使用各种材料创造新的生活，建构新的世界。新的材料也正在为人类文明提供新的行为理念，建立起人类扩展自身生存与发展空间的信心。它的现代发展使一种材料从单一功能向多种功能发展，而且它使得人类超越了自然界，实现了根据材料来设计产品，根据产品的需要，通过新的组成、结构和工艺设计来实现其所需功能的概念，也就是说，它的功能要求正在向着迎合人类在各个领域的需要而发展。由此，可以说，它已经成为人类从"自然王国"走向"自由王国"的动力源泉。

20世纪60年代以来，随着材料工程技术的迅猛发展，材料已经不仅在种类上得到拓展，而且在包括光、声、电、磁、力、超导、超硬、耐高温等机能与性能上获得极大的扩展与深度发掘。此类新材料的出现，推进了高技术产品的智能化与微型化，从而极大地影响着人类的现代生活、社会结构与文化价值。

与材料及材料技术相比较，能源对于人类生活的影响具有某些共同的特点。自古以来，人类就生活在一个能源的世界里。大自然所提供的诸如太阳、雷电、水与火等能源曾毫不吝惜地为人类创造了生存的环境，成为人类生存的前提条件。而钻木取火技术则表明了人类开始具有掌握和控制能源的能力，从而也开启了人类文明的进程。人类传颂着关于火的美丽故事，它显示着人类掌握、控制和利用大自然的信心。

依靠着这种信心，人类开始走上征服自然和改造自然的征程。人类通过水利工程扩展水力资源的使用空间与能力，使其造福于人类；通过对各种化石燃料的开发与利用，开创人类新的生活，推进人类的生产能力和社会的进步；通过对电能的开发与利用，推进了人类社会的现代化进程。20 世纪 60 年代以来，随着人类对其生存环境的认识不断深入和能源开发技术的发展，人类更是将能源的开发利用的概念转向那些清洁燃料与可再生能源。开发利用清洁的和可再生的能源成为 21 世纪许多国家的能源战略。

基本
小知识

可再生能源

可再生能源是指在自然界中可以不断再生、永续利用的能源，具有取之不尽，用之不竭的特点，主要包括太阳能、风能、水能、生物质能、地热能和海洋能等。可再生能源对环境无害或危害极小，而且资源分布广泛，适宜就地开发利用。相对于可能穷尽的化石能源来说，可再生能源在自然界中可以循环再生。可再生能源属于能源开发利用过程中的一次能源。可再生能源不包含化石燃料和核能。

与新材料的开发利用相同，新能源的开发利用与新工艺、新技术的发展水平同样具有相互不可或缺的关系。一方面，新工艺与新技术不断丰富和增强着人类开发利用新能源的技术手段与能力，它不仅为人类获得更加丰富的能源，而且为人类实现可持续发展的"绿色"生活理念提供了可能的机会。另一方面，新能源的开发利用，无疑将为工业技术的可持续发展提供有力的支持，从而成为社会发展与人类文明的推动力量。

从某种意义上来说，人类正生活在一个材料与能源构建的世界里。新材料与新能源以及新材料与新能源中的高新技术的发展，正在极大地丰富着人类的物质与精神生活。在这个世界中，新材料与新能源的价值体现，显然不仅仅是诸多新的产品的涌现，更重要的是，它们广泛渗透于人类的生活，影响着人类的生活质量；它们奠定了工业经济与技术的物质基础，成为一个国家经济实力的标志；它们影响着世界的政治格局，成为保障国家安全、减少社会风险的重要因素；它们推进人类对于自然的新认识，拓展人类的生存能力与发展空间，打造人类对于这个世界新的概念与价值观念。正是在这个意义上，我们可以说，材料与能源是人类文明的奠基石。

新材料与新能源技术对现代生活的影响

液态天然气

材料与能源为人类的生活提供了最基本的服务。

新材料与新能源在种类上的扩展和功能上的发掘，为工业经济的持续发展提供了必不可少的支持，从而极大地推动了人类社会的发展。然而，随着新工艺与新技术的迅速发展，材料与能源技术对于现代生活的影响远不止于此。

首先，新材料与新能源技术正在创造人类的个性化生活方式和生活理念。

自 20 世纪以来，新材料与新能源的使用改变着人类的生活习惯与生活方式。采用电力和天然气取代木材和煤炭燃料来烹调食品，使人类的生活变得更加方便、快捷；新的合成纤维的出现，使人类超越自然纤维的单一途径获取更加丰富多彩的纺织品和服装；具有各种特殊功能的合成洗涤剂，使人类的生活更加清洁；新的建筑材料的出现，为人类创造了更加美观而舒适的居住条件，并且新材料与新工艺的使用使人类的居住得以向空间发展，从而缓解了人口快速增长带来的社会压力，特别是通过少占土地的途径降低成本，为贫困人口提供了经济适用的居住条件，而太阳能、风能等可再生能源的开发与利用则为一次能源贫乏地区和远离城市或居住分散的人群提供了同样温暖而舒适的生活。新材料与新能源技术促进了交通运输条件的改善，它使得火车与飞机更加快捷，而汽车则为人类的个性化生活提供了前提条件。生物材料为人类提供了新的医疗手段，同时也为人类提供了新的健康概念。信息材料的发展，丰富了人类的通信手段，改变着人们的交流方式，而且深刻地影响着人类的生活方式，它使人们能够在现实空间，甚至在虚拟空间里创造自己的个性化生活。新材料与新能源技术为人类的航空航天事业提供了前提条件，为人类实现拓展生存空间和消解人类孤独提供可能的机会。

基本小知识

风　能

　　风能是地球表面大量空气流动所产生的动能。由于地面各处受太阳辐照后气温变化不同以及空气中水蒸气的含量不同，因而引起各地气压的差异，在水平方向高压空气向低压地区流动，即形成风。风能资源决定于风能密度和可利用的风能年累积小时数。风能密度是单位迎风面积可获得的风的功率，与风速的三次方和空气密度成正比关系。据估算，全世界的风能总量约 1300 亿千瓦，中国的风能总量约 16 亿千瓦。

　　现代社会，新材料与新能源使人类的生活更加个性化，它不仅从物质方面扩展了人们根据实际需要和生活习惯选择个人行为方式的空间，而且也为人类的精神追求提供了更多的选择途径。新材料与新能源技术为保存已有文化，如发掘与保护文物，提供新的质料与手段，同时，它为人类开拓新的精神世界，创造新的艺术形式提供多种可能，从而使人类对美的追求与鉴赏更加多样化与个性化。它通过新的手段突破原有空间与时间极限，从而使人类在不断扩展的时间与空间中丰富和扩展着自己的精神世界。

　　其次，新材料与新能源技术已经成为一个国家工业水平与技术能力的重要标志。

　　经济是促进社会发展不可缺少的动力源泉，而材料与能源是支撑工业生产与工业技术的物质基础。不仅如此，在现代社会的经济生活中，诸多高新技术产品都是与新材料、新能源技术的发展密切相关。新材料与新能源技术已经成为一个国家工业水平与技术能力的一个十分重要的标志。

在现代经济结构中，新材料技术在国家发展中的战略意义是不容忽视的。在材料技术领域，高温结构材料、多功能材料、超导材料、激光材料、生物材料等高性能材料的开发与利用已经获得突飞猛进的发展。材料技术为航空、航天工业提供了强度更高、刚性更好、质量更轻的新型材料；先进陶瓷材料极大地扩展了它的应用范围和领域，从而使它成为未来工业重要的原材料。

知识小链接

激 光

激光是指窄幅频率的光辐射线，是一种准直、单色、相干的光束。基本上，产生激光需要"共振结构""增益介质"及"激发来源"这三个要素。

多功能材料之多功能笔刀

据专家估计，用陶瓷材料替代金属材料制作发动机部件，将使发动机耗油量减少 30% 以上；电子信息材料的发展促进了信息产业的发展，使信息产业成为许多国家的支柱性产业；超导材料实现了陶瓷无机材料的无电阻状态，而超导技术的广泛应用使许多方面正发生着飞跃式的发展；激光和光导纤维材料技术的发展，正在把人类带入光通信的时代；生物材料为人类提供了新的医疗手段，并且创造着人类健康的新概念；而纳米技术则是通过对原有各类材料进行纳米级结构单元的重组，极大地改进了原有材料的性能与功能。由此可见，新材料技术已经成为推进一个国家产业升级、影响产业结构变化的重要因素，新材料的开发与利用也正在成为一个国家重要的支柱性产业。新材料技术虽然是一个高投入的领域，但它同时也是一个具有高回报率的领域，正由于此，许多国家都将开发先进材料置于其优先发展的重点项目。

能源在国民经济中的作用是不言而喻的。随着世界经济的增长，20 世纪后半期以来，世界能源消费量增长了 5.5 倍。许多国家已经或开始将发展新能源技术列为优先支持项目，并作出战略安排。这是因为经济对能源的依赖是每个国家都不能不正视的现实，首先，从世界能源消费结构看，一次能源占有很大份额，其中石油所占份额约占一次能源的1/3，煤约占1/4，天然气约占1/5。

所以说，人类能源消费的 3/4 以上是化石燃料，其次是传统燃料，如木材、畜粪、秸秆等约占10%，水电约占7%，核电约占6%，而新型可再生能源，如太阳能、风能、潮汐能、地热能、氢能等，仅占全部能源的2%。可以说，世界经济的持续发展实际上是建立在石油能源的稳定（包括供应量、价格等）基础上的。对此，谁也不会忘记发生在 20 世纪70 年代的石油危机给世界经济带来的巨大冲击。

然而，作为一次能源的石油并非是取之不尽，用之不竭的。因此，开发新能源对于今天的人类至关重要。其次，从能源的分布看，由于世界能源分布极不均衡，贫油或少油国家不得不花费大量外汇进口石油，由此

可再生能源之潮汐能

13

一次能源在慢慢地减少

大大增加了生产成本。再次，从国家安全、社会与能源风险角度讲，发展新能源技术具有特殊意义。最后，从环境角度讲，目前人类主要依赖的化石燃料已经造成日益严重的环境问题，它迫使人们不得不投入大量资金治理污染，由此也大大增加了发展的成本。由于存在上述种种能源问题，对新型可再生能源的开发利用在人类的经济生活中占据着举足轻重的地位。

第三，新材料与新能源技术对国际政治格局的影响。

材料与能源对一个国家的军事和经济实力具有重要意义，因此，各国政府都把在材料和能源技术领域占据领先位置作为国家的战略选择。新材料技术的重要作用，在海湾战争中已经做出了最好的诠释。可以说海湾战争实际上就是一场高新技术的展示与对抗。谁在高新技术方面领先，谁就在战争中占据主导地位。而这些高技术武器无不以各种高性能、多功能材料为基础。另一个例子是冷战时期美苏两个超级大国在中东地区的对抗与势力划分。实质上与石油资源的争夺有很大关系，说明了能源对国际政治格局的重要作用，这些军事力量的比拼和对有限能源的争夺，无疑对国际政治格局产生了不可估量的影响。

▶ "绿色"指向下的新材料与新能源技术

随着大工业生产带给人类生存环境越来越严重的污染，20世纪60年代以来，环境问题作为一项全球性问题日益受到国际社会的普遍关注。1972年6月5日，联合国在瑞典斯德哥尔摩召开的人类环境会议，标志着人类对环境问题的全面觉醒。与此同时，一批绿色先驱性著作的问世，更是对随之而来的绿色运动起到了推波助澜的作用。40 多年来，人类在不断提高环境质量方面做出了巨大的努力。

应当说，这种努力是真诚的。今天，"绿色"概念已经前所未有地渗透于人类社会的各个领域，广泛而深刻地影响着人类的思维方式与行为选择。人类对"可持续发展"理念的不懈追求凝聚着越来越浓重的"绿色情结"。

追溯绿色运动的经典作品，我们不难发现，"技术介入人类环境的影响"从一开始即是人

广角镜

瑞典

瑞典位于北欧斯堪的纳维亚半岛的东南部，面积约 45 万平方千米，是北欧最大的国家，海岸线长 7624 千米。在 20 世纪时，瑞典就已经成为一个福利国家。而今日的瑞典更被视为极力追求平等的现代化福利社会。按人口比例计算，瑞典是世界上拥有跨国公司最多的国家。

类反思生态与环境问题中备受关注的关键问题。例如，芭芭拉·沃德与勒内·杜博斯为联合国人类环境会议提供的一份非正式报告——《只有一个地球》，"技术介入人类环境的影响"成为关注的重点问题。一些专家提出：高能量、高收益技术的使用是对生态带来最大破坏与损害的原因，因为它们的优点往往由于强调效率而过分地被夸大。而把能量视为获得基本经济成就的关键，将使公民的财富和选用品得到无可比拟的增加。

在《小的总是美好的》这部经典著作中，对技术带给人类环境影响的探讨更为集中而深刻，在这里，舒马赫强调了对现代性技术哲学或技术文化造成的后果的反思。他明确指出，造成环境后果的原因，除了人类在文化、价值上的迷失外，技术哲学的僵化和单一化是一个更为现实和直接的原因。它导致了这样一种情景：本来仅适应工业经济这样一种经济形态的技术发展逻辑变成了世界唯一的技术发展逻辑，实验室的技术产生方式变成了唯一的技术产生方式。由此，人类在跨入工业文明前几千年的漫长历史生涯中所形成的各种技术追求方向和评价逻辑，多种技术文明方式与技术孕育途径便被无情地扼杀了。它造成了技术哲学上或技术文化上的一种工业文明殖民主义与

霸权主义,导致了世界生机勃勃的多元化技术追求变成单一化追求。其后果必然是,本来只是一种技术哲学的弊端却变成了全人类必须吞食的苦果。因为任何还不具备这种技术存在前提的民族都要为这种技术的获得本身支付巨大的代价。

无独有偶,巴里·康芒纳在他的《封闭的循环》一书中着重探讨了工业技术的内在缺陷以及由此带来的生态与环境问题。他指出,人们常常用人口与富裕这两种增长因素作为污染加剧的原因,但是,经济增长这个事实并不能够告诉我们关于可能存在的环境后果。因此,我们需要进一步理解经济是如何增长的,以及经济增长为什么会造成污染。为此,巴里·康芒纳在详细探讨了战后美国经济增长的动因后指出,从每一项具体例子可以看出,发生剧烈变化的实际上不是整个经济商品的产量,而是生产技术。也就是说,技术的发展与变化是美国战后经济增长的主要或根本动因。由于工业经济一直是以对自然资源的不断消耗来实现其增长的目标,而技术正是实现这一经济目标的有效工具,由此也就决定了工业经济中的技术模式。而当经济增长越来越依赖于技术时,技术在现代社会也就获得了一种相对独立的地位,成为了一种自主的力量。正是由于现代人类不断膨胀的消费需求是由建立在现代技术上的经济所保障的,因此,所有这些"进步"都在极大地加大对环境的影响。

对技术哲学或技术变化以及工业技术模式的深刻反思,是人类探讨日益严重的生态与环境问题的一个重要的组成部分。而40多年来,对技术本身的反思也推动了现代技术的深刻变化,影响着技术的发展方向与技术结构的转型。

正是在这个背景下,"绿色"概念正在嵌入新材料与新能源技术的开发与利用活动之中。这一点首先在日常生活中越来越多地被人们所感受到:"绿色"话语越来越多地出现在商业广告中,说明它作为一种重要的品牌标志已经获得商家和消费者的认可;人们越来越注重采用环保材料创造绿色的家居环境,并且越来越多的人用天然气取代煤来烹饪食品和取暖;人们将节能概念注入自己的个人生活,节能不再是吝啬的表现,而成为追求绿色生活的具体体现。绿色正在悄然改变着人们的消费观念与行为。

与此同时，新材料与新能源的研发与工业利用也正在显现出一种绿色指向下的技术途径与战略选择。新材料技术对传统材料在性能上的深度发掘，不仅增加了它的使用功能，而且增强了材料的耐用性，从而为节约自然资源提供了一种可能的途径。新材料技术也正在发生着技术结构的改变，它不仅包括为社会提供多功能的和具有特殊功能的合成材料（产品），而且将对材料的后处理或可再利用技术纳入技术的范畴。更重要的

"绿色"观念深入人心

是，新材料的未来发展更加体现了环保的概念，比如，对生物（或环境）的相容性材料和高效率能量转换材料等的开发，已经引起更多的关注。新能源技术的现代发展更清晰地体现了提高一次能源的清洁性和节能性的开发利用以及对再生能源的开发利用的技术方向与技术路径。

经过 40 多年的努力，保护环境、保护共同的家园已经成为人类的共识。然而，尽管人类在解决生态与环境问题方面已经或正在作出切实的努力，尽管科学家和工程技术人员为保护环境已经或正在提供某些必要的技术手段和技术措施，但是，我们不能不承认这样一个事实：人类正处于生态日益遭到破坏、环境日益恶化的境地。21 世纪，生态与环境问题仍然是人类不能不认真面对的严峻问题。正由于此，我们需要在生态与环境问题框架下，对新材料与新能源技术做深入的探讨，并且把"绿色"作为发展的价值取向，在新材料与新能源技术的发展方面作出实实在在的努力。

为此，我们首先应当对工业技术有一个清醒的理解。一般来说，技术的局限性有以下两个方面：一是技术一般后置于社会需求。尽管现代技术已经

风能的利用是瓶颈问题

具有独立的自主力量，使它在某些方面具有独立开拓市场空间的能力，但是，从一个具体的技术过程讲，技术仍然是社会的产物，是一种根据市场需求安排的活动。比如，20世纪末，面对发展与环境压力，人类转向对可再生能源的开发利用，但是，从目前讲，技术仍然是人类获取和利用太阳能、风能、氢能等可再生能源的瓶颈。二是由于工业经济的发展仍然主要依靠由工业社会建构的技术模式和技术路径的支持，尽管在国际社会的共同努力下，现在环保技术已经有了突飞猛进的发展，但是，环保技术具有明显的资金依赖的特征，如整治被污染的河流和净化城市大气等，由此使得本来就不富裕的大多数发展中国家面对高成本的环保技术望而却步。

知识小链接

氢　能

氢能是通过氢气和氧气反应所产生的能量。氢能是氢的化学能，氢在地球上主要以化合态的形式出现，是宇宙中分布最广泛的物质，它构成了宇宙质量的75%。工业上生产氢的方式很多，常见的有水电解制氢、煤炭气化制氢、重油及天然气水蒸气催化转化制氢等。

然而，明确人类在解决生态与环境问题上所面临的技术困境，并非推卸责任，尤其是发展中国家的责任，而是要从根本上寻求解决生态与环境问题的更加有效的途径与方法。

从世界工业结构的变化看，20世纪60年代以来，发达国家的制造业在生产总值中的比例明显呈下降的趋势，同时工业本身的低能耗、低物耗能力明显增强。与之相比较，20世纪六七十年代以来，发展中国家的制造业却呈现了迅速上升的趋势。世界制造业重心的大规模转移，使得发展中国家成为遭受污染最严重的国家或地区，同时也成为世界环境污染的新源头。目前，工业经济的发展仍然主要是以对自然资源的使用和能源的消耗为基础或动力的，许多发展中国家的工业化过程更是大大增加了对资源和能源的消耗。然而，十分脆弱的生态环境已经无法承受先破坏再治理的工业发展模式或早期工业化过程。因此，无论是发达国家还是发展中国家，都应当也必须将保护环境作为全人类或每个国家的共同利益，将发展与环保作为共同的目标。

那么，我们如何实现这一目标？显然，通过新的技术解决发展与环保这一困扰人类的全球性问题，已经成为整个人类紧迫和必须为之的事业。因为技术已经成为使一切问题成为问题的那类问题！因而通过新的和多元化的技术途径，探索一种安全的和可持续发展的资源与能源利用道路，对于目前的人类至关重要。在经济与环保并举的发展框架下，环境友好型技术已经不再是作为传统工业技术的补充，而应当成为 21 世纪技术发展的价值取向和战略选择，并主导技术发展潮流。

◎ 公正原则下的技术选择

随着材料与能源技术的飞速发展和它们对人类生活方式与生产方式产生越来越深刻的影响，人类关于它们所具有的价值及所产生的后果的认识，已经不能仅仅从其工程技术本身来获得，而必须将其置于一个更加复杂的系统——人类和社会环境中来把握。

然而，当我们将技术置于人类和社会环境这样一个复杂的系统中对技术作出选择时，我们就面临一个十分复杂的关系问题，即由于不同社会群体利益的不同，技术结果必然引发不同社会群体之间的利益冲突。那么现代社会如何在满足不同利益需求间找到适当的均衡点，从而最大限度地实现技术造福于人类的社会理想？目前，这种由技术引发的利益冲突已经日益成为伦理学家、社会学家、政治学家等特别关注的问题，成为政策研究者和决策者不能不认真面对的伦理问题。

广角镜

伦理学

伦理学是哲学的一个分支学科。伦理学也被称为道德哲学或道德学，其源头可以在西方最古老的史诗与神话中考究。伦理学是对人类道德生活进行系统思考和研究的学科。它试图从理论层面建构一种指导行为的法则体系，即"我们应该怎样处理此类处境"，"我们为什么又依据什么这样处理"，并且对其进行严格的评判。

将技术置于人类与社会环境系统中加以思考，伦理问题重新成为现代社会关注的焦点，表明现代人类在技术选择方面的道德觉醒。但是，面对具体的现实问题，这的确是一个十分棘手的伦理选择。因为在现实选择中，人们不得不面对社会这个复杂系统引发的种种伦理困境，而解决各种困境或针对各种现实选择行为的具有普遍性的伦理理论，目前没有，而且将来也不太可能出现。

但是，我们并不是说现代人类面对种种伦理困境将无能为力。人类的道德遗产和伦理学的现代发展，为人类的伦理选择或伦理决策提供了各种指导性概念或伦理原则，甚至是各种可操作的伦理程序，如依据功利主义原则与方法的利弊分析等。鉴于此，现代人类所面临的一个重要问题是，面对现代技术的快速发展，面对技术表现出的对于人类与社会环境越来越强的、自主性的、革命性力量这一新的事实，我们将如何运用已有的伦理原则或规则指导技术选择中的伦理行为？因此，在人类和社会环境系统中的技术选择问题框架下，深入探讨"公正原则下的技术选择"这一概念的意义十分有必要。

以承认技术的结果将给不同社会集团带来不同利益或造成损害，甚至引发不同社会集团间利益冲突为前提，公正原则下的技术选择至少涉及了这样两个方面的伦理内容：

一是对同时代的关注。它包括关注个人与群体之间和不同群体之间的利益关系问题。针对材料与能源技术，我们更加关注不同群体之间的利益关系问题。如在国家（或民族）层面上，存在着强势国家或民族（如富国）与弱势国家或民族（如穷国）间的利益冲突；在社会层面上，存在着不同社会群体间的利益关系，尤其是强势社会群体（如富人）与弱势社会群体（如穷人）间的利益关系问题。根据公正的原则，在保障全体人类发展的前提下，现代社会的技术选择应当更加重视保护弱势群体的利益，也就是说，技术选择还应当体现对弱势群体的特别关怀。因为世界性或区域性两极分化的加深，不但将加大全球性或区域性反贫困的压力，抑制全球新的经济增长机会的生成，而且还是目前世界动荡不安、冲突不断的重要根源。

二是对不同时代内容的关注。目前的生态危机不但给现代人带来灾难，而且会危及后代。我们不但要调整现代人之间的各种利益关系，而且还应当调整好不同时代人之间的各种利益关系。因此，现代人类的技术选择就应当是符合可持续发展（不仅维护现代人利益而且维护子孙后代利益）的伦理选择。为后代人创造一个良好的生存空间是我们现代人不可推卸的责任。正是在这个意义上，现代人的技术选择，就不能单凭技术性的论据，还应当依据经济的、政治的、伦理的、文化的等论据。在公正原则指导下，对诸多论据进行系统的因果分析。而且，技术选择也不仅仅是科学家、工程技术专家和决策者的事情，还需要社会各界公众的广泛参与。技术决策的民主化必将成为现代人类文明的重要内容。

基本小知识

可持续发展

可持续发展是既满足当代人的需求，又不对后代人满足其需求的能力构成危害的发展。它们是一个密不可分的系统，既要达到发展经济的目的，又要保护好人类赖以生存的大气、淡水、海洋、土地和森林等自然资源和环境，使子孙后代能够永续发展和安居乐业。发展是可持续发展的前提；人是可持续发展的中心体；可持续的发展才是真正的发展。

新材料的简述

　　新材料作为高新技术的基础和先导，应用范围极其广泛，它同信息技术、生物技术一起成为 21 世纪最重要和最具发展潜力的领域。同传统材料一样，新材料可以从结构组成、功能和应用领域等多种角度对其进行分类，不同的分类之间相互交叉和嵌套，目前，一般按应用领域和当今的研究热点把新材料分为以下几个主要领域：电子信息材料、新能源材料、纳米材料、先进复合材料、先进陶瓷材料、生态环境材料、新型功能材料、生物医用材料、高性能结构材料、智能材料、新型建筑及化工新材料等。

走进新材料的天地

金属管

大家都知道，在漫长的原始社会中，人类经历了石器时代、铜器时代、铁器时代等几个历史阶段。人类文明史的发展阶段，居然用制作器具的石、铜、铁等材料来加以区分。这足以说明，材料对于人类文明进程的重大意义。人们还常把"衣、食、住、行"概括为生活中的四项基本需求，即使我们暂时不把人们的吃食算作"材料"，那么，至少其他三项，即衣、住、行都和材料有着极密切的关系。试想，人们穿戴的衣裤鞋帽、居住的房屋建筑、赖以出行的交通工具，哪一件不由材料制作，哪一样不依赖材料的优良性能而提高其质量呢？可见，在纵观历史、横看生活以后，我们不能不说：材料对于人类文明的发展，对于人们生活质量的提高，真可谓无比重要啊！

工业革命以后，材料世界里扮演主角的是金属，配角则有木材、橡胶、水泥和玻璃等。20世纪，高分子材料——塑料迅速崛起，渗透到人类生活的所有领域，已经分占了金属的半壁江山。那么，在21世纪里，情况又将是怎样呢？

现代陶瓷

目前，科学家已经开始能在分子甚至原子水平上重新组合新物质，这意味着材料科学正举步跨向一个全新的时代。

现代陶瓷：采用超细粉末烧结、纤维补强、晶须增韧等技术制成，克服了传统陶瓷的脆性，不但强度、硬度、韧性都高，又耐磨损、耐腐蚀、耐高温，能制作多种要求极高、以前很难制造的机器零部件；还有各种"功能陶瓷"，如电子陶瓷、磁性陶瓷、化学陶瓷、生物陶瓷等，其中生物陶瓷用来制作人工骨骼、关节、牙齿，具有一系列理想的性能。

知识小链接

骨　骼

骨骼是脊椎动物内的一种坚硬器官，功能是运动、支持和保护身体，制造红血球和白血球，以及储藏矿物质。骨骼由各种不同的形状组成，有复杂的内在和外在结构，使骨骼在减轻重量的同时能够保持坚硬。骨骼的成分之一是矿物质化的骨骼组织，其内部是坚硬的蜂巢状立体结构；其他组织还包括骨髓、骨膜、神经、血管和软骨。

新型合金：由钛和铝或镍和铝合成的金属化合物，重量非常轻，在760℃的高温下仍保持极优良的机械性能，再加入陶瓷纤维合成的复合材料，其硬度为现有飞机发动机所用材料硬度的3倍。

此外还有新型的"智能材料"，它能感受外部环境的变化，从而作出预先设计好的反应。在自然界中，生物能利用最简单的原材料经过有机合成，得到各种优越而具有特殊性能的物质，科学家正努力破解其中的奥秘，进而进行模仿，这就是

新型合金

前途无量的"仿生材料"。

从高速火车到航天器，从有灵性的人造假肢到精密的电子元件，新材料正使所有这些事物的面貌发生着日新月异的变化，与此同时，也为人类创造着更加美好的未来。

什么是新材料

新材料是指新近发展的或正在研发的性能超群的一些材料，具有比传统材料更为优异的性能。新材料技术则是按照人的意志，通过物理研究、材料设计、材料加工、试验评价等一系列研究过程，创造出能满足各种需要的新型材料的技术。

随着科学技术的发展，人们在传统材料的基础上，根据现代科技的研究成果，开发出新材料。新材料按材料的属性划分，有金属材料、无机非金属材料（如陶瓷、砷化镓半导体等）、有机高分子材料、先进复合材料四大类。按材料性能分，有结构材料和功能材料。结构材料主要是利用材料的力学和理化性能，以满足高强度、高刚度、高硬度、耐高温、耐磨、耐腐蚀、抗辐射等性能要求；功能材料主要是利用材料具有的电、磁、声、光、热等效应，以实现某种功能，如半导体材料、磁性材料、光敏材料、热敏材料、隐身材料和制造原子弹、氢弹的核材料等。

新材料在国防建设上作用重大。例如，超纯硅、砷化镓研制成功，导致大规模和超大规模集成电路的诞生，使计算机运算速度从每秒钟几十万次提高到现在的每秒钟百亿次以上；航空发动机材料的工作温度每提高100℃，推力可增大24%；隐身材料能吸收电磁波或降低武器装备的红外辐射，使敌方探测系统难以发现等。

21世纪科技发展的主要方向之一是新材料的研制和应用。新材料的研究是人类对物质性质认识和应用向更深层次的进军。

基本小知识

电磁波

电磁波，又称电磁辐射，是指同相振荡且互相垂直的电场与磁场在空间中以波的形式移动，其传播方向垂直于电场与磁场构成的平面，有效地传递能量和动量。电磁辐射可以按照频率分类，从低频率到高频率，包括无线电波、微波、红外线、可见光、紫外光、X 射线和伽马射线等。人眼可接收到的电磁辐射，波长在 380～780 纳米，称为可见光。只要是本身温度大于绝对零度的物体，都可以发射电磁辐射，而世界上并不存在温度等于或低于绝对零度的物体。

新材料与传统材料的区别是什么

◎ 传统材料与新材料在定义上的区别

传统材料是可以用来直接制造有用物件、构件或器件的物质，其形态可以是固体、液体、气体。

新材料是指新出现的或正在发展中的具有传统材料所不具备的优异性能和特殊功能的材料；或采用新技术（工艺、装备），使传统材料性能有明显提高或产生新功能的材料。一般认为满足高技术产业发展需要的一些关键材料也属于新材料的范畴。

◎ 关于传统材料及新材料产业

"传统材料产业"主要包括：①纺织业；②石油加工及炼焦业；③化学原料及化学制品制造业；④化学纤维制造业；⑤橡胶制品业；⑥塑料制品业；⑦非金属矿物制品业；⑧黑色金属冶炼及压延加工业；⑨有色金属冶炼及压延加工业；⑩金属制品业；⑪医用材料及医疗制品业；⑫电工器材及电子元器件制造业等。

拓展阅读

有色金属

有色金属，又称非铁金属，是工业上对金属的一种分类，指除铁、铬、锰外，存在自然界中的金属（不包括人工合成元素）。与有色金属相对的是黑色金属。常用的有色金属包括铜、铝、铅、锌、镍、锡、锑、镁及钛。

"新材料产业"包括新材料及其相关产品和技术装备，具体涵盖：新材料本身形成的产业、新材料技术及其装备制造业、传统材料技术提升的产业等。与传统材料相比，新材料产业具有技术高度密集、研究与开发投入高、产品的附加值高、生产与市场的国际性强以及应用范围广、发展前景好等特点，其研发水平及产业化规模已成为衡量一个国家经济发展、社会发展、科技进步和国防实力的重要标志，世界各国特别是发达国家都十分重视新材料产业的发展。

新材料该怎样分类

新材料作为高新技术的基础和先导，应用范围极其广泛，它同信息技术、生物技术一起成为 21 世纪最重要和最具发展潜力的领域。同传统材料一样，新材料可以从结构组成、功能和应用领域等多种不同角度进行分类，不同的分类之间相互交叉和嵌套。

新材料主要由传统材料革新和新型材料的推出构成，随着高新技术的发展，新材料与传统材料产业结合日益紧密，产业结构呈现出横向扩散的特点。

按照应用领域来分，一般把新材料归为以下几大类。

◎ 信息材料

信息材料属于功能材料，是为实现信息探测、传输、存储、显示和处理等功能使用的材料。按功能分，信息材料主要有以下几类：

1. 信息探测材料，对电、磁、光、声、热辐射、压力变化或化学物质敏感的材料属于此类，可用来制成传感器，用于各种探测系统。这些材料有陶瓷、半导体和有机高分子化合物等多种。

2. 信息传输材料主要是光导纤维，简称光纤。它重量轻、占空间小、抗电磁干扰、通信保密性强，可以制成光缆以取代电缆，是一种很有发展前途的信息传输材料。

光导纤维

3. 信息存储材料包括：磁存储材料，主要是金属磁粉和钡铁氧体磁粉，用于计算机存储；光存储材料，有磁光记录材料、相变光盘材料等，用于外存储器；铁电介质存储材料，用于动态随机存取存储器；半导体动态存储材料，目前以硅为主，用于内存储器。

4. 信息处理材料是制造信息处理器件如晶体管和集成电路的材料。目前使用最多的是硅。砷化镓也是一种重要的信息处理材料。

信息材料的总体发展趋势是向着高均匀性、高完整性以及薄膜化、多功能化和集成化方向发展。当前的研究热点和技术前沿包括以柔性晶体管、光子晶体等宽带半导体材料为代表的第三代半导体材料，有机显示材料以及各种纳米电子材料等。

广角镜

光 纤

光纤，全称为光导纤维，是一种利用光在玻璃或塑料制成的纤维中的全反射原理制成的光传导工具。微细的光纤封装在塑料护套中，使得它能够弯曲而不至于断裂。通常光纤的一端的发射装置使用发光二极管或一束激光将光脉冲传送至光纤，光纤的另一端的接收装置使用光敏元件检测脉冲。由于光在光纤的传输损失比电在电线传导的损耗低得多，更因为光纤的主要生产原料是硅，蕴藏量极大，较易开采，所以价格便宜，促使光纤被用作长距离的信息传递工具。

◎ 能源材料

广义地说，凡是能源工业及能源技术所需的材料都可称为能源材料。能源材料的分类在国际上尚未见有明确的规定，可以按材料种类来分，也可以按使用用途来分。大体上能源材料可分为燃料（包括常规燃料、核燃料、合成燃料、炸药及推进剂等）、能源结构材料、能源功能材料等几大类。按其使用目的又可以把能源材料分成能源工业材料、新能源材料、节能材料、储能材料等大类。

能源材料

但在新材料领域，能源材料往往指那些正在发展的、可能支持建立新能源系统满足各种新能源及节能技术的特殊要求的材料。

目前比较重要的新能源材料有：

1. 裂变反应堆材料，如铀和钚等核燃料、反应堆结构材料、慢化剂、冷却剂及控制棒材料等。

2. 聚变堆材料，包括热核聚变燃料、第一壁材料、结构材料等。

3. 高能推进剂，包括液体推进剂、固体推进剂。

拓展阅读

钚

钚，原子序数为 94，元素符号是 Pu，是一种具有放射性的超铀元素。它属于锕系金属，外表呈银白色。钚有六种同素异形体和四种氧化态，易和碳、卤素、氮、硅起化学反应。钚暴露在潮湿的空气中时会产生氧化物和氢化物，其体积最大可膨胀 70%，碎屑状的钚能自燃。它也是一种放射性毒物，会在骨髓中富集。因此，操作、处理钚元素具有一定的危险性。

4. 燃料电池材料，如电池电极材料、电解质等。

5. 氢能源材料，主要是固体储氢材料及其应用技术。

6. 超导材料，包括传统超导材料、高温超导材料及在节能、储能方面的应用技术。

7. 太阳能电池材料。

8. 其他新能源材料，如风能、地热、磁流体发电技术中所需的材料。

◎ 生物材料

生物材料又称生物工艺学或生物技术，是指应用生物学和工程学的原理，对生物材料、生物所特有的功能，定向地组建成具有特定性状的生物新品种的综合性科学技术。生物工程学是 20 世纪 70 年代初，在分子生物学、细胞生物学等的基础上发展起来的，包括基因工程、细胞工程、酶工程、发酵工程等，它们以基因工程为基础，互相联系。只有通过基因工程对生物进行改造，才有可能按人类的愿望生产出更多、更好的生物产品。而基因工程的成果也只有通过发酵等工程才有可能转化为产品。

医学上通过生物工程可以生产出大量廉价的防治人类疾病的药物，如人胰岛素、干扰素、生长激素、乙型肝炎疫苗等。

生物工程在食品等工业中的应用也很广。1983 年，美国用生物工程生产的用于制作饮料的高果糖浆的年产量达 600 万吨，从而使蔗糖的消耗量减少了一半。采用生物工程技术，使育种工作发生了很大变化，如把抗病基因转移到烟草中去，已培育出防止害虫的烟草新品种；把低等生物根瘤菌的固氮基因转移到高

广角镜

干扰素

干扰素是一组具有多种功能的活性蛋白质，是一种由单核细胞和淋巴细胞产生的细胞因子。干扰素是一种广谱抗病毒剂，并不直接杀伤或抑制病毒，而主要是通过细胞表面受体作用使细胞产生抗病毒蛋白，从而抑制乙肝病毒的复制；同时还可增强自然杀伤细胞、巨噬细胞和 T 淋巴细胞的活力，从而起到免疫调节作用，并增强抗病毒能力。

等作物的细胞中，使之能自己制造氮肥，也取得了一定成果。目前世界各国对生物工程十分重视，我国也把生物工程列为重点发展的科研项目之一。生物工程学的研究将对人类的生产方式和生活方式产生巨大的影响。

生物材料应用广泛，品种很多，其分类方法也很多。生物材料按材料功能划分为：①血液相容性材料，如人工瓣膜、人工气管、人工心脏、血浆分离膜、血液灌流用吸附剂、细胞培养材等；②软组织相容性材料，如人工晶状体、聚硅氧烷、聚氨基酸等，用于人工皮肤、人工气管、人工食道、人工输尿管、软组织修补等领域；③硬盘组织相容性材料，如医用金属、聚乙烯、生物陶瓷等；④生物降解材料，如甲壳素、聚乳酸等，用于缝合线、药物载体、黏合剂等。生物材料按材料来源划分为：①自体材料；②同种异体器官及组织；③异体器官及组织；④人工合成材料；⑤天然材料。生物材料根据组成和性质划分为：①生物医用金属材料；②医用高分子材料；③医用无机非机非金属材料。

生物材料主要用在人身上，对其要求十分严格，必须具有四个特性：

1. 生物功能性。它因各种生物材料的用途而异，如作为缓释药物时，药物的缓释性能就是其生物功能性。

2. 生物相容性。它可概括为材料和活体之间的相互关系，主要包括血液相容性和组织相容性（无毒性、无致癌性、无热原反应、无免疫排斥反应等）。

3. 化学稳定性。它可概括为耐生物老化性（特别稳定）或可生物降解性（可控降解）。

生物材料对医学有着重要的作用

4. 可加工性。它指生物材料能够被加工成型、消毒（紫外灭菌、高压煮沸、环氧乙烷气体消毒、酒精消毒等）。

◎ 汽车材料

汽车材料在整个材料市场中所占的比例很小，但是属于技术要求高、技术含量高、附加值高的产品，代表了行业的最高水平。

汽车材料的需求呈现出以下特点：轻量化与环保是主要需求发展方向；各种材料在汽车上的应用比例正在发生变化，主要变化趋势是高强度钢、超高强度钢、铝合金、镁合金、塑料和复合材料的用量将有较大的增长，汽车车身结构材料将趋向多材料

汽车材料

设计方向。同时汽车材料的回收利用也受到重视，电动汽车、代用燃料汽车、专用材料以及汽车功能材料的开发和应用工作不断加强。

知识小链接

镁合金

镁合金是以镁为基础加入其他元素组成的合金。它的特点：密度小，比强度高，弹性模量大，散热好，消震性好，承受冲击载荷能力比铝合金大，耐有机物和碱的腐蚀性能好。镁合金的主要合金元素有铝、锌、锰、铈、钍以及少量锆或镉等。目前使用最广的是镁铝合金，其次是镁锰合金和镁锌锆合金。它主要用于航空、航天、运输、化工等工业部门。

◎ 纳米材料与技术

从尺寸大小来说，通常产生物理化学性质显著变化的细小微粒的尺寸在0.1 微米以下（注：1 米 = 100 厘米，1 厘米 = 10000 微米，1 微米 = 1000 纳米，1 纳米 = 10 埃），即 100 纳米以下。因此，颗粒尺寸在 1～100 纳米的微

粒称为超微粒材料，也是一种纳米材料。

纳米金属材料是 20 世纪 80 年代中期研制成功的，后来相继问世的有纳米半导体薄膜、纳米陶瓷、纳米瓷性材料和纳米生物医学材料等。

纳米颗粒材料又称为超微颗粒材料，由纳米粒子组成。纳米粒子也叫超微颗粒，一般是指尺寸在 1～100 纳米间的粒子，是处在原子簇和宏观物体交界的过渡区域，从通常关于微观和宏观的观点看，这样的系统既非典型的微观系统亦非典型的宏观系统，是一种典型的介观系统，它具有表面效应、小尺寸效应和宏观量子隧道效应。当人们将宏观物体细分成超微颗粒（纳米级）后，它将显示出许多奇异的特性，即它的光学、热学、电学、磁学、力学以及化学方面的性质和大块固体相比时将会有显著的不同。

纳米技术的广义范围可包括纳米材料技术、纳米加工技术、纳米测量技术、纳米应用技术等方面。其中纳米材料技术着重于纳米功能性材料的生产（超微粉、镀膜、纳米改性材料等）、性能检测技术（化学组成、微结构、表面形态、物、化、电、磁、热及光学等性能）。纳米加工技术包含精密加工技术（能量束加工等）及扫描探针技术。

纳米材料具有一定的独特性，当物质尺寸小到一定程度时，则必须改用量子力学取代传统力学的观点来描述它的行为，当粉末粒子尺寸由 10 微米降至 10 纳米时，其粒径改变 1000 倍，二者行为上将产生明显的差异。

纳米粒子不同于大块物质的理由是在其表面积相对增大，也就是超微粒子的表面布满了阶梯状结构，此结构代表具有高表面能量的不稳定原子。

就熔点来说，纳米粉末中由于每一粒子组成原子少，表面原子处于不稳定状态，使其表面晶格振动的振幅较大，所以具有较高的表面能量，造成超微粒子特有的热性质，也就是造成熔点下降，同时纳米粉末将比传统粉末容易在较低温度烧结，而成为良好的烧结促进材料。

一般常见的磁性物质均属多磁区的集合体，当粒子尺寸小至无法区分出其磁区时，即形成单磁区的磁性物质。因此磁性材料制作成超微粒子或薄膜时，将成为优异的磁性材料。

纳米技术在世界各国尚处于萌芽阶段，美、日、德等少数国家，虽然已经初具基础，但是尚在研究之中，新的理论和技术的出现仍然方兴未艾。我国已逐步赶上先进国家水平，研究队伍也在日渐壮大。

纳米材料大致可分为纳米粉末、纳米纤维、纳米膜、纳米块体等四类。其中纳米粉末开发时间最长、技术最为成熟，是生产其他三类产品的基础。

纳米粉末，又称为超微粉或超细粉，一般指粒度在 100 纳米以下的粉末或颗粒，是一种介于原子、分子与宏观物体之间处于中间物态的固体颗粒材料。它可用于高密度磁记录材料、吸波隐身材料、磁流体材料、防辐射材料、单晶硅和精密光学器件抛光材料、微芯片导热基片与布线材料、微电子封装材料、光电子材料、先进的电池电极材料、太阳能电池材料、高效催化剂、高效助燃剂、敏感元件、高韧性陶瓷材料（摔不裂的陶瓷，用于陶瓷发动机等）、人体修复材料、抗癌制剂等。

纳米纤维是指直径为纳米尺度而长度较大的线状材料。它可用于微导线、微光纤（未来量子计算机与光子计算机的重要元件）材料、新型激光或发光二极管材料等。

纳米膜分为颗粒膜与致密膜。颗粒膜是纳米颗粒粘在一起，中间有极为细小间隙的薄膜。致密膜指膜层致密但晶粒尺寸为纳米级的薄膜。纳米膜可用于气体催化（如汽车尾气处理）材料、过滤器材料、高密度磁记录材料、光敏材料、平面显示器材料、超导材料等。

纳米块体是将纳米粉末高压成型或控制金属液体结晶而得到的纳米晶粒材料。它主要用于超高强度材料、智能金属材料等。

纳米材料的用途很广，主要有以下用途。

医药使用纳米技术能使药品生产过程越来越精细，并在纳米材料的尺度上直接利用原子、分子的排布制造具有特定功能的药品。纳米材料粒子将使药物在人体内的传输更为方便，用数层纳米粒子包裹的智能药物进入人体后可主动搜索并攻击癌细胞或修补损伤组织。使用纳米技术的新型诊断仪器只需检测少量血液，就能通过其中的蛋白质和 DNA 诊断出各种疾病。

基本小知识

DNA

DNA，即脱氧核糖核酸又称去氧核糖核酸，是一种分子，可组成遗传指令，以引导生物发育与生命机能运作。DNA 的主要功能是长期性的信息储存，可比喻为"蓝图"或"食谱"。带有遗传信息的 DNA 片段称为基因，其他的 DNA 序列，有些直接以自身构造发挥作用，有些则参与调控遗传信息的表现。

纳米材料代表纳米科技的兴起

家电：用纳米材料制成的纳米材料多功能塑料，具有抗菌、除味、防腐、抗老化、抗紫外线等作用，可用作电冰箱、空调外壳里的抗菌除味塑料。

电子计算机和电子工业：可用于制造存储容量为目前芯片上千倍的纳米材料级存储器芯片，现已投入生产。计算机在普遍采用纳米材料后，可以缩小成为"掌上电脑"。

环境保护：环境科学领域将出现功能独特的纳米膜。这种膜能够探测到由化学和生物制剂造成的污染，并能够对这些制剂进行过滤，从而消除污染。

纺织工业：在合成纤维树脂中添加纳米硅、纳米锌，经抽丝、织布，可制成杀菌、防霉、除臭和抗紫外线辐射的内衣和服装。

机械工业：采用纳米材料技术对机械关键零部件进行金属表面纳米粉涂层处理，可以提高机械设备的耐磨性、硬度和使用寿命。

近年来，碳纳米技术的研究相当活跃，多种多样的纳米碳结晶层出不穷。2000 年，德国和美国科学家还制备出由 20 个碳原子组成的空心笼状分子。根据理论推算，包含 20 个碳原子的空心笼状分子仅是由正五边形构成的。德、美科学家制出的空心笼状分子为材料学领域解决了一个重要的研究课题。碳纳米材料中纳米碳纤维、纳米碳管等新型碳材料具有许多优异的物理和化学特性，被广泛地应用于诸多领域。纳米碳材料主要包括三种类型：碳纳米管、碳纳米纤维、纳米碳球。

1. 碳纳米管。碳纳米管是由碳原子形成的石墨烯片层卷成的无缝、中空的管体，一般可分为单壁碳纳米管、多壁碳纳米管和双壁碳纳米管。

2. 碳纳米纤维。碳纳米纤维分为丙烯腈碳纤维和沥青碳纤维两种。碳纳米纤维质轻于铝而强力高于钢，它的比重是铁的1/4，强力是铁的10倍，除了有高超的强力外，其化学性能非常

广角镜

石墨

石墨是碳元素的一种同素异形体，每个碳原子的周边连接着另外三个碳原子（排列方式呈蜂巢式的多个六边形）以共价键结合，构成共价分子。由于每个碳原子均会放出一个电子，那些电子能够自由移动，因此石墨属于导电体。石墨的用途包括制造铅笔芯和润滑剂。

稳定，耐腐蚀性高，同时耐高温和低温、耐辐射、消臭。碳纳米纤维可以使用在各种不同的领域，由于制造成本高，大量用于航空器材、运动器械、建筑工程的结构材料。美国伊利诺伊大学发明了一种廉价碳纳米纤维，有高强力的韧性，同时有很强劲的吸附能力，能过滤有毒的气体和有害的生物，可用于制造防毒衣、面罩、手套等。

3. 纳米碳球。根据尺寸大小可将纳米碳球分为：①富勒烯族系和洋葱碳（具有封闭的石墨层结构，直径在2~20纳米），如 C_{60}、C_{70} 等；②未完全石墨化的纳米碳球，直径在50纳米~1微米；③碳微珠，直径在11微米以上。另外，根据纳米碳球的结构形貌可分为空心纳米碳球、实心硬纳米碳球、多孔纳米碳球、核壳结构纳米碳球

碳纳米管结构示意图

和胶状纳米碳球等。

　　在这三种纳米碳材料中，碳纳米管的发现最为重要。碳纳米管是1991年日本的科学家饭岛教授在高分辨透射电子显微镜下发现的。和富勒烯不同的是，完美的碳纳米管是由碳原子的六边形组成的管状结构，类似于单个或多个石墨层卷曲而成（单壁碳纳米管或多壁碳纳米管），而只在管子的两端由五边形提供一定的曲率而闭合。碳纳米管的发现被美国的《科学》杂志评为1997年度人类十大科学发现之一，更重要的是，使各种一维纳米结构进入了人们的视野。

　　很难想象你印象中漆黑的碳所形成的纳米碳笼是五颜六色的吧？它们的溶液颜色可以依碳笼大小而改变：60个碳原子形成的碳笼（C_{60}）是紫色的，70个碳原子形成的碳笼（C_{70}）变成暗红色，而由80个碳原子形成的碳笼（C_{80}）则是绿色的……在碳笼的空腔内包入金属原子形成的金属富勒烯溶液也同样异彩纷呈，包入金属钐的富勒烯是橘红色的，包入金属钆的富勒烯是棕色的，而包入金属铕的富勒烯发出绿宝石一样

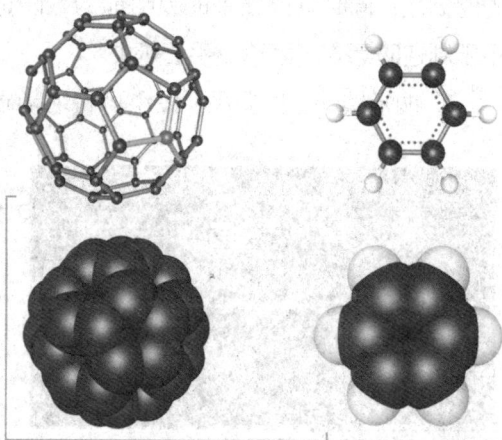

C_{60}的示意图

的光芒……不仅如此，由碳元素组成的碳纳米管还拥有荧光等新的光学性质。

碳纳米管的性质和应用同样独领风骚。由于良好的电学和力学等性能，碳纳米管在复合材料、纳米电子元件、化学生物传感器等方面成为一种很有前途的纳米材料。例如，中科院物理所合成的挑战理论极限的世界上最细的纳米管（管径 0.5 纳米）在零下 268.15℃时就有超导特性。在生物医学领域，将生物分子如 DNA 连接到碳纳米管上可以做生物传感器或起到运输、传递药物的作用。金属富勒烯和碳纳米管的完美结合——纳米豌豆荚使半导体型纳米管分割成多个量子点，这种材料可以用于纳米电子或纳米光电子器件。

在中国，很多科学家在碳纳米领域都做出了卓越的成绩，这些醉心于碳纳米世界的人，既是科学家，又是艺术家，还是魔术师，不仅让我们从一个全新的角度认识世界，而且为我们创造了一个五彩缤纷的新天地。

◎ 稀土材料

稀土就是指化学元素周期表中镧系元素——镧（La）、铈（Ce）、镨（Pr）、钕（Nd）、钷（Pm）、钐（Sm）、铕（Eu）、钆（Gd）、铽（Tb）、镝（Dy）、钬（Ho）、铒（Er）、铥（Tm）、镱（Yb）、镥（Lu）以及与镧系的 15 个元素密切相关的两个元素——钪（Sc）和钇（Y），共 17 种元素，全称为稀土元素。

稀土已广泛应用于电子、石油化工、冶金、机械、能源、轻工、环境保护、农业等领域。

稀土在地壳中并不稀少，只是分布极不均匀，主要集中在中国、美国、印度、南非、澳大利亚、加拿大、埃及等几个国家。中国是世界稀土资源储量最大的国家，主要稀土矿有白云鄂博稀土矿、山东微山稀土矿、冕宁稀土矿等。

稀土材料

稀土是关系到世界和平与国家安全的战略性金属。为什么"爱国者"导弹能比较轻易击毁"飞毛腿"导弹？这得益于前者精确制导系统的出色工作。其制导系统中使用了大约4千克的钐钴磁体和钕铁硼磁体用于电子束聚焦，钐、钕是稀土元素。

为什么M1A1坦克能做到先敌发现？因为该坦克所装备的掺钕的钇铝石榴石激光测距机，在晴朗的白天可以达到近4000米的观瞄距离，而T－72的激光测距机能看到2000米就算不错了。而在夜间，加入稀土元素镧的夜视仪又成为伊拉克军队的梦魇。

至于F－22超音速巡航的功能，则拜其强大的发动机以及轻而坚固的机身所赐，它们都是大量使用稀土科技造就的特种材料。比如F119发动机叶片以及燃烧室使用了阻燃钛合金，这种钛合金的制造据说是使用了稀土元素；而F－22的机身更是用稀土强化的镁钛合金武装。否则，超音速巡航中，F119强大的动力足以摧毁它自己。

你知道吗

什么是坦克

坦克，或者称为战车，是现代陆上作战的主要武器，有"陆战之王"的美称。它是一种具有强大的直射火力、高度越野机动性和很强的装甲防护力的履带式装甲战斗车辆，主要执行与对方坦克或其他装甲车辆作战，也可以用来消灭反坦克武器、摧毁工事、歼灭敌方有生力量。坦克一般装备一门大口径火炮以及数挺防空或同轴机枪。坦克大多使用旋转炮塔，但也有少数使用固定式主炮。坦克主要由武器系统、火控系统、动力系统、通信系统、装甲车体等系统组成。大多数现代坦克都具有一定的潜渡能力。

上述种种还只是窥豹一斑。事实上，凡称得上高技术的兵器几乎无一没有稀土的身影；更致命的是，稀土往往集中在使这些武器化腐朽为神奇的最关键部位。比如"爱国者"导弹的关键部位也是用稀土合金；一些先进坦克的装甲用稀土材料后，防弹性能更好；还有美国那些掌控战场形势的"千里眼""顺风耳"中用稀土科技造就的大功率行波管，这使得其工作更可靠，抗干扰性更强……

简单地说，相比传统兵器，高技术兵器的优点在于其更方便、更灵敏、更准确、更容易操纵。这些提起来容易，但却集中体现了当今材料科学、电子科学以及工程制造的诸多最高成就。而这些成就的获得，往往是源于稀土的某些特殊功能的发现和应用。

稀土有工业"维生素"之称，由于其具有优良的光电磁等物理特性，能与其他材料组成性能各异、品种繁多的新型材料，其最显著的功能就是大幅度提高了其他产品的质量和性能。比如大幅度提高用于制造坦克、飞机、导弹的钢材、铝合金、镁合金、钛合金的战术性能。而且，稀土同样是电子、激光、核工业、超导等诸多高科技的润滑剂。稀土科技一旦用于军事，必然带来军事科技的跃升。从一定意义上说，美军在冷战后的几次局部战争中能够获得压倒性控制，正缘于其在稀土科技领域超人一等的科技水平。

"中东有石油，中国有稀土。"这是邓小平 1992 年南方谈话时说的一句名言。

中国稀土占据着几个世界第一：储量占世界总储量的第一，尤其是在军事领域拥有重要意义且相对短缺的中重稀土；生产规模第一，中国稀土产量约占全世界的90%；出口量世界第一，中国产量的60% 左右用于出口，出口量占国际贸易的63% 以上，而且中国是世界上唯一大量供应不同等级、不同品种稀土产品的国家。

◎ 新型钢铁材料

钢铁材料是重要的基础材料，广泛应用于能源开发、交通运输、石油化工、机械电力、轻工纺织、医疗卫生、建筑建材、国防建设等产业，并具有较强的竞争优势。

新型钢铁材料发展的重点是高性能钢铁材料。新型钢铁材料的发展方向为高性能、长寿命，在质量上已向组织细化和精确控制，提高钢材洁净度和高均匀度方面发展。

新型钢铁材料

◎ 新型有色金属合金材料

新型有色金属合金材料主要包括铝、镁、钛等轻金属合金以及粉末冶金材料、高纯金属材料等。

新型有色金属合金材料

铝合金包括各种新型高强度、高韧度、高比强、耐热耐蚀铝合金材料，如铝－锂合金等；镁合金包括镁合金和镁合金复合材料等；钛合金材料包括新型医用钛合金、高温钛合金、高强钛合金、低成本钛合金等；粉末冶金材料主要包括铁基汽车零件、铜基汽车零件、难熔金属、硬质合金等。

◎ 新型建筑材料

新型建筑材料是区别于传统的砖瓦、砂石等建材的建筑材料新品种，包括的品种和门类很多。新型建筑材料从功能上分，有墙体材料、装饰材料、门窗材料、保温材料、防水材料、黏结和密封材料，以及与其配套的各种五金件、塑料件及各种辅助材料等。从材质上分，不但有天然材料，还有化学材料、金属材料、非金属材料等。

新型建材具有轻质、高强度、保温、节能、装饰等优良特性。采用新型建材不但使房屋功能大大改善，还可以使建筑物内外更具现代气息，满足人们的审美要求；有的新型建材可以显著减轻建筑物自重，为推广轻型建筑结构创造了条件，推动了建筑施工技术现代化，大大加快了建房速度。

新型建材的性能和功用各不相同，生产新型建材产品的原料及工艺方法也各不相同。就其发展情况而言，有的品种重在花色，花色品种层出不穷，如装饰装修材料；有的品种重在功能，如保温材料；有的则通过深加工衍生出多个品种，如新型建筑板材等。

以新型建筑板材为例，目前新型建筑板材有几十个品种，其中纸面石膏板、玻璃纤维增强水泥板、无石棉硅钙板是目前我国生产量最大、应用最普遍的三种新型建筑板材。这三种板材不但采用的原料不同，生产工艺不同，其性能和功用也不同。如纸面石膏板主要原料为石膏和护面纸，适用于作内墙板和

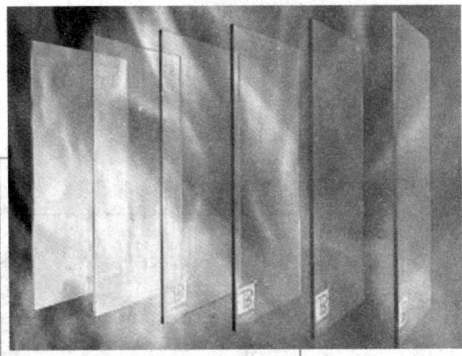

新型建筑材料中的防火玻璃

吊顶板；玻璃纤维增强水泥板主要原料是低碱水泥和耐碱玻璃纤维，适用于作内外墙板；无石绵硅钙板主要原料是硅钙材料，除用作内外墙板外，还可用于装修以及制作和房屋结合在一起的家具等。这三种板材的同一特点是：采用它们作为原始板材，再分别配上防渗、保温、防火等功能材料，采用复合技术，可生产出各种轻质和性能优越的新型墙体材料。此外，它们所用的原料均为非金属材料，而且又是三种最易得到的非金属材料。

我国的新型建材工业，在党和政府的高度重视和支持下，经过几十年的发展，已具备了相当的规模和较为齐全的品种。随着社会主义市场经济体制的逐步完善，城镇居民安居工程的实施，我国的新型建材工业必将得到更大的发展。

基本小知识

石　膏

石膏是一种矿物名，主要化学成分是硫酸钙（$CaSO_4$），主要是古代盐湖的沉积物。石膏用作一种农业肥料，可以改良碱性土壤，用于一般中性或酸性土壤，可以改善土壤结构，供给钙和硫成分。石膏是一种用途广泛的工业材料、医学材料和建筑材料。它可用于水泥缓凝剂、石膏建筑制品、模型制作、医用食品添加剂、硫酸生产、纸张填料、油漆填料、骨折固定等，也能将其制作为黑板用的粉笔。

下面是部分新型建材产品：①防水密封材料；②保温隔热材料；③矿棉吸声板；④装饰石膏板；⑤建筑涂料；⑥塑料异型材和门窗；⑦塑料地板；⑧塑料管道；⑨壁纸、墙布；⑩化纤地毯。

◎ 新型化工材料

化工材料在国民经济中有着重要地位，在航空航天、机械、石油工业、农业、建筑业、汽车、家电、电子、生物医用行业等都起着重要的作用。

新型化工材料主要包括有机氟材料、有机硅材料、高性能纤维、纳米化工材料、无机功能材料等。纳米化工材料是近年来的研究热点。精细化、专用化、功能化成了化工材料工业的重要发展趋势。

新型化工材料中的消泡剂

◎ 生态环境材料

生态环境材料是在人类认识到生态环境保护的重要战略意义和世界各国纷纷走可持续发展道路的背景下提出来的，一般认为生态环境材料是具有满意的使用性能同时又被赋予优异的环境协调性的材料。

这类材料的特点是消耗的资源和能源少、对生态和环境的污染小、再生利用率高，而且从材料制造、使用、废弃直到再生循环利用的整个寿命过程，都与生态环境相协调。生态环境材料主要包括环境相容材料，如纯天然材料（木材、石材等）；仿生物材料（人工骨、人工脏器等）；绿色包装材料（绿色包装袋、包装容器）；生态建材（无毒装饰材料等）；环境降解材料（生物降解塑料等）；环境工程材料，如环境修复材料、环境净化材料（分子筛、离子筛材料）；环境替代材料（无磷洗衣粉助剂）等。

生态环境材料研究热点和发展方向包括再生聚合物（塑料）的设计，材料环境协调性评价的理论体系，降低材料环境负荷的新工艺、新技术和新方法等。

◎ 军工新材料

军工材料对国防科技、国防力量的强弱和国民经济的发展具有重要推动作用，是武器装备的物质基础和技术先导，是决定武器装备性能的重要因素，也是拓展武器装备新功能和降低武器装备全寿命费用，取得和保持武器装备竞争优势的原动力。

随着武器装备的迅速发展，起支撑作用的材料技术发展呈现出以下趋势：一是复合化。通过微观、介观和宏观层次的复合大幅度提高材料的综合性能。二是多功能化。通过材料成分、组织、结构的优化设计和精确控制，使单一材料具备多项功能，达到简化武器装备结构设计，实现小型化、高可靠性的目的。三是高性能化。材料的综合性能不断优化，为提高武器装备的性能奠定物质基础。四是低成本化。低成本技术在材料领域是一项高科技含量的技术，对武器装备的研制和生产具有越来越重要的作用。

◎ 人工智能材料

生物体有预报寿命功能、自我修复功能、自我学习功能、自我分解功能、自净功能和守恒性。科学家们极想模仿生物体，试图把这些功能纳入到所制造的材料和系统中去，于是，人工智能材料便出现了。

广角镜

血　糖

血糖是指血液中的葡萄糖。消化后的葡萄糖由小肠进入血液，并被运输到机体中的各个细胞，是细胞的主要能量来源。在人体中，血糖的浓度是被严格控制的，通常维持在 900 毫克/升左右，即血糖的恒定性。血糖浓度在人进食一到两个小时后升高，而在早餐降到最低。血糖浓度失调会导致多种疾病，如持续血糖浓度过高的高血糖和过低的低血糖，而由多种原因导致的持续性高血糖则会引发糖尿病，这也是与血糖浓度相关的最显著的疾病。

人工智能材料就是兼备自行探测（传感器功能）、自行判断、自作结论（处理器功能）或发指令、采取行动（操纵装置或传动装置功能）等动物的颈以上部分的功能的材料。

人工智能材料是一种极其有用的材料。例如，医学中治疗糖尿病需要人工胰脏，而制作这种人工胰脏需要使用许多器件，如果采用人工智能材料制造人工胰脏就要省事多了，只需一种能够适应血糖水平而改变胰岛素透过性的膜就行了。另外，用传感器、处理器和驱动器构成的机器人装置，已用于各行各业，如石油勘探、深水作业、焊接、寻找地下水以及在外星球上从事采集样品、丈量土地和考察地貌等。

◎ 吸波材料

现代战争，特别是现代电子战中，飞机、军舰、导弹和坦克等都能用隐身技术保护自己，以取得战斗的胜利。就拿飞机来说，它的主要对手是被称为"千里眼"的雷达。雷达能发射一种电磁波，当这种电磁波与入侵的敌机相遇时，电磁波便会反射回来，被雷达所接收，从而得到敌机的方位、距离等数据。如果飞机能将雷达发射来的电磁波的大部分吸收掉，而反射回去的很少，那么雷达就会变成"睁眼瞎"了。由此可知，隐形飞机并不是对人的眼睛来说的，而是对雷达等探测装置来说的，其目的是让敌方的雷达难以发现和找到，从而保护了自身的安全。

网状泡棉微波吸波材料

在 1991 年的海湾战争中，美国的 F－117 隐形战斗机以其高超的隐身本领大出风头，引人注目。这场战争的第一枚炸弹就是由一架这种飞机在漆黑之夜突袭伊拉克首都巴格达市中心时投下的，伊拉克的防空雷达压根儿就没发现，直到投弹 45 分钟后巴格达才实行灯火管制，可见其神出鬼没般的不凡身手了。此后，对巴格达的 **95%** 的空袭任务都是由 F－117 隐形战斗机完成的。更使人惊奇的是，参加海湾战争的 **44** 架 F－117 隐形战斗机前后共执行 **1600** 架次空袭任务，本身却无一架飞机损失，这不能不归功于它出色的隐形本领。

隐形飞机能隐形的秘密，主要在于飞机上使用了能吸收雷达电磁波的隐形材料，因而人们也将隐形材料叫作"吸波材料"。美国SR－71高空侦察机和U－2高空侦察机，就是因为在机身上涂了一种黑色的隐形材料，使它们来去很难被发现，有时竟在雷达的"眼皮"底下溜掉了。隐形飞机除了使用吸波材料和吸波涂层外，通常还将飞机外形设计成特殊的形状，以便将雷达的电磁波向四面八方反射掉，使敌方雷达难以接收到返回的电磁波。例如，F－117 隐形战斗机的外

> **趣味点击**　**海湾战争**
>
> 　　海湾战争，1991 年 1 月 17 日～2 月 28 日，以美国为首的多国联盟在联合国安理会授权下，为恢复科威特领土完整而对伊拉克进行的局部战争。1990 年 8 月 2 日，伊拉克军队入侵科威特，推翻科威特政府并宣布吞并科威特。以美国为首的多国部队在取得联合国授权后，于 1991 年 1 月 17 日开始对科威特和伊拉克境内的伊拉克军队发动军事进攻。多国部队以较小的代价取得决定性胜利，重创伊拉克军队。伊拉克最终接受联合国 660 号决议，并从科威特撤军。

形就很独特，像一个堆积起来的复杂多面体，大部分表面都往后倾斜，并具有大后掠机翼和"V"字形双垂尾。这种外形能使雷达波改变反射方向产生散射，结果敌方雷达就捕捉不到这些微弱的反射信号了。

在 F－117 隐形战斗机的机身、机翼和垂尾的结构中，采用了各种雷达吸波材料。通常，高分子材料的吸波和透波能力大大优于金属材料。因此，在这种飞机的结构中使用了许多玻璃纤维、碳纤维、芳纶纤维等高分子复合吸波材料。飞机的蒙皮也使用复合材料和导电塑料制成，要避免使用钛合金和铝合金，以降低雷达波反射。通常，对飞机除了用雷达探测外，还利用红外

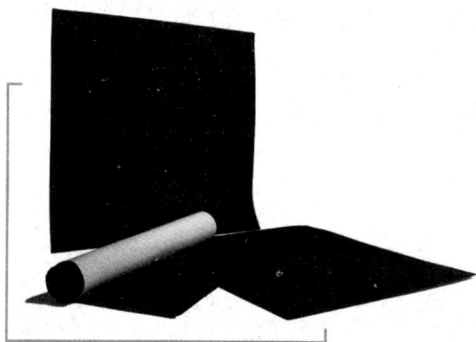

吸波材料

探测器通过飞机发动机工作时放出的红外线来发现和捕捉飞机的踪迹，所以在飞机上还采用红外隐形技术，以提高飞机的隐形本领。例如，F－117隐形战斗机的发动机使用扁而宽的喷口，并在喷口装有红外挡板，改变喷口方向，并且在喷管周围加隔热层，降低排气温度，使飞机不易被敌方红外探测器发现。

现在常用的隐形材料，由导电材料或磁性材料与黏合剂制成。导电材料有碳粉、导电纤维和导电塑料等，它们能将电磁波转换成热能；磁性材料有陶瓷铁氧体、磁化粒子等，也能将电磁波变成热能，从而使雷达的电磁波大部分被吸收掉。

吸波材料在飞机上的应用不仅扩大到轰炸机和战斗机上，而且所占的比重越来越大。例如，在F－117隐形战斗机和B－2隐形战略轰炸机上，各种玻璃纤维、碳纤维、蜂窝和夹层结构、吸波薄板和吸波涂层的用量，已占全机结构重量的25%，而在下一代的隐形飞机上预计达到45%～50%。由此可见，隐形材料所具有的重要作用。

随着现代科学技术的发展，电磁波辐射对环境的影响日益增大。在机场，飞机航班因电磁波干扰无法起飞而误点；在医院，移动电话常会干扰各种电子诊疗仪器的正常工作。因此，治理电磁污染，寻找一种能抵挡并削弱电磁波辐射的材料——吸波材料，已成为材料科学的一大课题。

所谓吸波材料，指能吸收投射到它表面的电磁波能量的一类材料。在工程应用上，除要求吸波材料在较宽频带内对电磁波具有高的吸收率外，还要求它具有质量轻、耐温、耐湿、抗腐蚀等性能。

早在第二次世界大战期间，美、英、德等国出于各自的军事目的，针对雷达电子侦察和反侦察，开始对电磁波吸波材料进行大量探索性工作。美国于 20 世纪 60 年代开始把吸波材料应用于空军的 F－14、F－15、F－18 战斗机和 F－117 隐形战斗机上。20 世纪 80 年代以来，世界各国投入巨资加大对吸波材料研究的力度。随着电信业务的迅速发展，吸波材料也被应用到通信、环保及人体防护等诸多领域。

将吸波材料应用于各类电子产品，如电视、音响、VCD 机、电脑、游戏机、微波炉、移动电话中，可以使电磁波泄漏降到国家卫生安全限值（10 微瓦/厘米^2）以下，确保人体健康。将其应用于高功率雷达、微波治疗仪、微波破碎机，能保护操作人员免受电磁波辐射的伤害。

趣味点击　第二次世界大战

第二次世界大战，1939 年 9 月 1 日～1945 年 9 月 2 日，以德国、意大利、日本法西斯等轴心国为一方，以反法西斯同盟和全世界反法西斯力量为另一方进行的第二次全球规模的战争。从欧洲到亚洲，从大西洋到太平洋，先后有 61 个国家和地区、20 亿以上的人口被卷入战争，作战区域面积约 2200 万平方千米。据不完全统计，战争中军民共伤亡 9000 余万人，4 万多亿美元付诸东流。第二次世界大战最后以美国、前苏联、中国、英国等反法西斯国家和世界人民战胜法西斯侵略者赢得世界和平与进步而告终。

◎ 太空材料与太空药品

近 30 年来，美国、前苏联和中国为将来在太空建立材料生产厂进行了大量实验，也取得了丰硕的研究成果。比如：我国在 1987 年和 1988 年发射的两颗返回式卫星，成功地在太空失重条件下进行了材料晶体生长和材料加工实验。特别是在空间材料加工炉中进行的半导体砷化镓单晶体的制备，获得了结构上完整、化学组分比例均匀且无杂质条纹的砷化镓晶体。在 1990 年 10 月 5 日发射的另一颗返回式卫星上，又进行了砷化镓的生长试验。

我国的中学生在太空材料加工方面也进行了举世闻名的实验，为祖国争得了荣誉。1991 年 1 月下旬，美国的"发现"号航天飞机搭载的两项由我国中学生设计的太空科学实验都取得了圆满成功，其中一项由原沈阳 107 中学

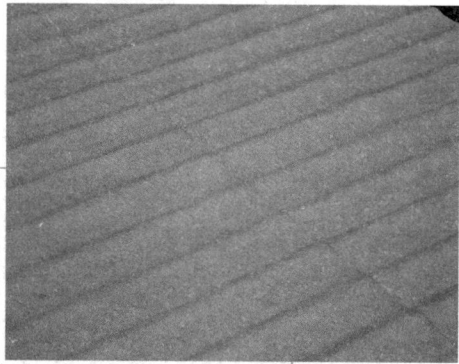

新型太空材料有着很大的市场

田春亮同学设计的装置就是太空材料熔炼实验装置，该装置使伍德合金（一种铋含量达 50% 的铋铅锡镉合金，熔点只有 70℃）和石蜡在失重状态下实现了液态熔合，证明失重状态与地面有重力条件下的实验结果截然不同。

1991 年 1 月，美国还在"发现"号上进行了多种失重状态下制取材料的实验，如"玻璃溶液中气泡的分布""铅锡合金的熔化和凝固""低熔点材料的混合"等试验。1992 年 1 月 22 日，美国"发现"号再次升空，施放了一个国际微重力（所谓微重力通常就是指失重状态）太空实验站，进行了由 13 个国家 200 名科学家参与的 14 项重大材料试验和 33 项生命科学试验。

1992 年 6 月，美国"哥伦比亚"号航天飞机发射升空后，也在进行材料科学和生命科学研究，为将来人类在太空进行材料生产和加工积累科学资料。前苏联在太空材料实验方面投入了更大的力量，继 1975 年与美国联合在"联盟–阿波罗"飞船上进行一系列材料实验之后，又在"礼炮6"和"礼炮7"轨道空间站上用不同的工艺技术进行了合金、复合材料、半导体、玻璃等多种材料试验。1985 年 4 月，前苏联"宇宙–645"卫星在太空飞行了 13 个昼夜后，返回地球时带回了材料样品。为了实现太空材料的批量生产，俄罗斯还专门在"和平"号空间站上对接了一个重 19.5 吨的材料晶体制造舱。材料晶体制造舱全长 13.75 米，最大直径 4.35 米，内装 4 个新型的半导体生产炉，在 7 个月内能生产"价值上千万美元的空间晶体材料"。

从 1988 年，前苏联和现在的俄罗斯还发射了"光子"系列卫星，用来研究太空工艺技术。这种卫星上装有各种工艺设备，例如"区域熔炼"装置就是其中之一，这种装置慢慢下降，由于处于失重状态下，在磁场中的钨并不随着下降，而是悬浮在空中。这时，用激光或电子束射向钨块，使钨加热直到熔化，只见钨块由圆柱体状态变成了一个液体小球，并发出耀眼的光辉，宛如悬在空中的一个小太阳。当电子束停止对钨照射后，钨自行冷却形成一种太空新产品——球形单晶钨。这种球非常圆，比滚珠还要圆，这是在钨成液体时它的内聚力和表面张力所起的神奇作用。这和小朋友吹出的肥皂泡必定是圆的道理是一样的。而且这种球形单晶钨比用坩埚熔炼后得到的单晶钨纯度高得多，因为它熔化后不接触任何坩埚一类的容器，不会受外来材料的污染。

　　太空材料如今已是新型材料的代表之一了，那么，随之而来的太空药品呢？下面谈一谈关于太空药品方面的知识。

　　失重状态不仅对材料生产极为有利，而且对治疗人类疾病的许多药物的生产也带来新的希望。比如，有许多药物是从细菌培养物中提取出来的，但在地面上由于重力的作用，微生物在沉淀过程中因得不到足够的氧气输送而极易死亡。然而，在太空失重状态下情况就大不相同了。

　　这是因为，在太空的失重状态下，液体中含有大量气泡，微生物也不会沉淀，这样微生物的死亡数量就大大减少，培养的质量大大提高，从而可以培养出地面上不能培养的微生物标本和制取优良的药物。根据在太空的试验结果，在失重状态下许多微生物的生长速度比在地面上要快 1 倍以上。

　　此外，在太空可以用电泳法提取在地面上无法提取的疫苗和干扰素，从而有可能找到新的预防疾病和治疗疾病的药品。

基本小知识

疫　苗

　　疫苗是指为了预防、控制传染病的发生、流行，用于人体预防接种的预防性生物制品。它是用微生物或其毒素、酶，人或动物的血清、细胞等制备的供预防、诊断和治疗用的制剂。其中，由细菌制成的为菌苗；由病毒、立克次体、螺旋体制成的为疫苗，有时也统称为疫苗。

　　在地面生产药物时，由于受重力的影响，用电泳法制造药物的效率低。在太空的失重条件下，情况就大为改观。在俄罗斯发射的"光子"卫星上进行的生物工艺试验表明，用电泳法成功地完成了自由液体环境生物体的分解和提纯，得到了良好的结果。

电泳法是利用电场作用把质量和电荷比值不同的物质颗粒分离开的方法，它可以把细胞和蛋白质分开，还可以从衰老的细胞中分离出年轻的细胞，甚至能把癌细胞和健康的细胞分离开。总之，电泳法就像一个筛子，把需要的东西筛出来，把不需要的东西筛掉。但在地面上，电泳法因受重力的作用，有时英雄无用武之地。因为在电泳分离过程中，所有的物质颗粒（包括微生物及细胞）同时受到电场力和重力的作用。当细胞和细胞培养液在电场作用下受热时，同时产生对流和沉积现象。这时，如果重力大于电场力，沉积就起主要作用，而当电场力大于重力时，对流将起主要作用。这样，就会使原已分离的成分又重新搅和在一起，使电泳法的分离效果大大降低。而在太空失重条件下，这一缺点就不再存在。

电泳法——从衰老的细胞中分离年轻的细胞

例如，1975 年，美国和前苏联在"联盟－阿波罗"飞船的对接飞行中也进行过电泳法分离试验，并成功地从大约 5% 的肾细胞中分离出了尿激酶素，分离效率比在地面上高 5～10 倍。

我国古代神话中，有一个太上老君在天上为玉皇大帝和王母娘娘等众神仙用八卦炉炼长生不老丹的故事，这当然是一种幻想。但今后，我们地球人到天上去生产在地面上无法生产的特殊药品，使人延年益寿则是完全可能的。比如，有一种叫骨胶原的物质，可用于人造皮肤或人造膜治疗烧伤病人，也可以用于心血管手术和整形手术，但骨胶原通常要从人体组织中提取，然后复制，而在地面上复制骨胶原极为困难，因为有重力作用，它的蛋白质纤维容易固化，使骨胶原形成不均匀的组织。在太空失重条件下，由于重力极微弱，因此很容易制造出质量极好的骨胶原。美国的巴蒂尔实验室据说正在进行骨胶原的太空生产实验。他们预计，在太空制取的骨胶原因为质量优良，其价值可达到每千克 20 万～200 万美元。

　　科学家们在太空取得大量实验资料后，将在太空建造"材料和药品生产基地"，这个基地将是"太空城"的一部分。现在，美国已开始设计规模庞大的太空城。在未来，太空城将有可供上万人居住的住宅。到那时，太空材料生产和制药工业的规模将与日俱增，许多地面上难以生产的疫苗，在地面上难以提纯的蛋白质等都有可能生产出来。到那时，地球上一些得了不治之症，甚至被宣判为"不久于人世"的人，也可能从太空制药厂取来"灵丹妙药"，起死回生。

基本小知识

细　胞

　　细胞是生命活动的基本单位。已知除病毒之外的所有生物均由细胞组成，但病毒的生命活动也必须在细胞中才能体现。一般来说，细菌等绝大部分微生物以及原生动物由一个细胞组成，即单细胞生物；高等植物与高等动物则是多细胞生物。细胞可分为两类：原核细胞、真核细胞。但也有人提出应分为三类，即把原属于原核细胞的古核细胞独立出来作为与之并列的一类。研究细胞的学科称为细胞生物学。世界上现存最大的细胞为鸵鸟的卵子。

◎ 环境材料

　　20 世纪 90 年代初，国际材料界出现了一个新的领域——环境材料，在这种材料的研究和开发的过程中，既要追求良好的使用性能，又要深刻认识到自然资源的有限性，尽可能降低废弃物排放量，并在材料的提取、制备、使用直到废弃与再生的整个过程中都尽可能地减少对环境的影响。

　　这种材料是具有环境意识、考虑环境、考虑生态学的材料，它在生产的过程中对资源的消耗量比较少，废弃后能够回收再生利用的可能性比较大，其从生产使用到回收的全过程对周围的生态环境的影响也最小。因而它可以称为"绿色材料"或者"生态材料"。

环境材料的研究内容比较广泛，归纳起来可以概括为材料的环境协调性评价、生态环境材料的设计、材料在制备加工中的环境协调技术（包括零排放和零废弃加工技术）以及材料在使用过程中的环境协调性技术如制备环境协调性制品等。具体从材料的性能上来说，它主要包括以下几个方面：

1. 再生利用型材料，包括再生的可以降解的塑料、在家用电器中能够加以回收利用的电路基板、在生产和使用过程中污染较少并且能够回收再生的纸张等。

2. 能够经自然界微生物分解或者能够自动降解的材料，如新型的包装袋、由天然材料加工成的高分子材料等。

3. 为净化环境和防止污染而设计的材料，如新型的不释放有害气体的墙体材料、高吸油性树脂等。

4. 替代传统有污染的材料的新型材料，如冰箱内的全无氟制冷剂等。

5. 与洁净能源相关并且能够利用它们的材料，如燃料电池中的储氢材料。

长期以来，人们忽视了材料的开发和应用必然要受到生态环境的影响和制约。

到目前为止，关于环境材料尚没有一个为广大学者共同接受的定义。最初，一些学者认为环境材料是指那些不仅具有优异的使用性能，而且从材料的制造、使用、废弃直到再生的整个生命周期中必须具备与生态环境的协调共存性以及舒适性。

经过一段时间的发展，一些学者认为，环境材料是赋予传统结构材料、功能材料以优异的环境协调性的材料或者指那些直接具有净化和修复环境等功能的材料，即环境材料是具有系统功能的一大类新型材料的总称。还有一些专家认为，环境材料是指同时具有优良使用性能和最佳环境协调性的一大类材料。

根据大部分人的理解，环境材料的概念可以概括为：环境材料是指在加工、制造、使用和再生过程中具有最低环境负荷、最大使用功能的人类所需材料。它既包括经改造后的现有传统材料，也包括新开发的环境材料。特别值得注意的是环境材料的概念或定义应当是确定的或不变的，而判别环境材料的标准是随科学技术的进步而发展或变化的。当所有的材料都"环境材料化"了的时候，那么环境材料这个术语也就完成了它的使命。

环境材料的三个特点：

1. 先进性。它能为人类开拓更广阔的活动范围和环境，发挥其优异性能。在发展新材料、新技术体系时，既要考虑到技术环境负担的大小、材料本身对环境的污染程度，又要顾及材料使用时的传统性能（材料的先进性），在要求优异的使用性能这一点上，新材料与传统材料是相同的。

2. 环境协调性（优先争取的目标）。它使人类的活动范围同外部环境相协调，减轻地球环境的负担，使枯竭性资源完全循环利用。在材料的生产环节中资源的消耗少，工艺流程中采用减少温室效应气体的技术，废弃后易于再生循环。材料及技术本身要具备环境协调性，这是区别于传统材料观念而增加的概念。

3. 舒适性。它使活动范围中的人类生活环境更加繁荣、舒适，更令人们乐于接受和使用。

关于环境材料的先进性、舒适性，不同人有不同理解，在实践中难以判断与把握，它只是一个定性的标准，因此认为环境材料的特征可以具体改为功能性、经济性和环境协调性等。这有利于环境材料的评判，也符合现实情况。

你知道吗

什么是温室效应？

温室效应，又称"花房效应"，是大气保温效应的俗称。大气能使太阳短波辐射到达地面，但地表向外放出的长波热辐射线却被大气吸收，这样就使地表与低层大气温度增高，因其作用类似于栽培农作物的温室，故名温室效应。自工业革命以来，人类向大气中排入的二氧化碳等吸热性强的温室气体逐年增加，大气的温室效应也随之增强，已引起全球气候变暖等一系列严重问题，引起了全世界各国的关注。

金属材料

　　人类文明的发展和社会的进步同金属材料关系十分密切。继石器时代之后出现的铜器时代、铁器时代，均以金属材料的应用为其时代的显著标志。现代，种类繁多的金属材料已成为人类社会发展的重要物质基础。

什么是金属材料

金属材料是指金属元素或以金属元素为主构成的具有金属特性的材料的统称，包括纯金属、合金、金属间化合物和特种金属材料等。

人类文明的发展和社会的进步同金属材料关系十分密切。继石器时代之后出现的铜器时代、铁器时代，均以金属材料的应用为其时代的显著标志。现代，种类繁多的金属材料已成为人类社会发展的物质基础。金属材料通常分为黑色金属和有色金属。

金属材料

1. 黑色金属又称钢铁材料，包括含铁 90% 以上的工业纯铁、含碳 2% ~4% 的铸铁、含碳小于 2% 的碳钢以及各种用途的结构钢、不锈钢、耐热钢、高温合金、精密合金等。广义的黑色金属还有铬、锰及其合金。

2. 有色金属是指除铁、铬、锰以外的金属及其合金，通常分为轻金属、重金属、贵金属、半金属、稀有金属和稀土金属等。有色合金的强度和硬度比纯金属高，并且电阻大，电阻温度系数小。

金属材料的性能可分为工艺性能和使用性能两类。所谓工艺性能是指机械零件在加工制造过程中，金属材料在所定的冷、热

广角镜

铬

铬是一种化学元素。它的化学符号是 Cr，原子序数为 24。它是一种银色的金属，质地坚硬，表面带光泽，具有很高的熔点。它具有延展性，用于制不锈钢、汽车零件、工具和磁带等。铬镀在金属上可以防锈，坚固美观。1797 年，法国药剂师和化学家路易·尼古拉·沃克朗首度自铬铅矿（铬酸铅）中发现铬。

加工条件下表现出来的性能。金属材料工艺性能的好坏，决定了它在制造过程中加工成形的适应能力。加工条件不同，工艺性能也就不同，如铸造性能、可焊性、可锻性、热性能、切削加工性等。所谓使用性能是指机械零件在使用条件下，金属材料表现出来的性能，包括力学性

不锈钢

能、物理性能、化学性能等。金属材料使用性能的好坏，决定了它的使用范围与使用寿命。在机械制造业中，机械零件都是在常温、常压和非常强烈的腐蚀性介质中使用的且在使用过程中各机械零件都将承受不同载荷的作用力。金属材料在载荷作用下抵抗破坏的性能，称为力学性能（过去也称为机械性能）。金属材料的力学性能是零件的设计和选材时的主要依据。外加载荷性质不同（例如拉伸、压缩、扭转、冲击、循环载荷等），对金属材料的力学性能也将不同。常用的力学性能：强度、塑性、硬度、冲击韧性、多次冲击抗力和疲劳极限等。

◎ 金属材料的塑性

塑性是指金属材料在载荷外力的作用下，产生永久变形（塑性变形）而不被破坏的能力。金属材料在受到拉伸时，长度和横截面积都要发生变化，因此，金属的塑性是用长度的伸长（延伸率）和断面的收缩（断面收缩率）两个指标来判定的。

金属材料的延伸率和断面收缩率越大，表示该材料的塑性越好，即材料能承受较大的塑性变形而不被破坏。把延伸率大于 5% 的金属材料称为塑性材料（如低碳钢等），而把延伸率小于 5% 的金属材料称为脆性材料（如灰口铸铁等）。塑性好的材料，它能在较大的宏观范围内产生塑性变形，并

在塑性变形中使金属材料因塑性变形而强化，从而提高材料的强度，保证了零件的安全使用。此外，塑性好的材料顺利地进行某些成型工艺加工，如冲压、冷弯、冷拔、校直等。因此，选择金属材料作机械零件时，必须满足塑性指标。

基本小知识

低碳钢

低碳钢又称软钢，含碳量 0.1% ~0.3% 低碳钢易于接受各种加工，如锻造、焊接和切削，常用于制造链条、铆钉、螺栓、轴等。碳含量低于 0.25% 的碳素钢，因其强度低、硬度低而软，故又称软钢。它包括大部分普通碳素结构钢和一部分优质碳素结构钢，大多不经热处理用于工程结构零件，有的经渗碳和其他热处理用于要求耐磨的机械零件。

硬度表示材料抵抗硬物压入其表面的能力。它是金属材料的性能指标之一。硬度越高，耐磨性越好。常用的硬度指标有布氏硬度、洛氏硬度和维氏硬度。

金属材料的各种硬度值之间，硬度值与强度值之间具有近似的相应关系。硬度值是由起始塑性变形抗力和继续塑性变形抗力决定的，材料的强度越高，塑性变形抗力越高，硬度值也就越高。

最广泛的金属材料——黑色金属

金属是具有光泽，有良好的导电性、导热性与机械性能，并具有正的温度电阻系数的物质。金属，是个大家庭，现在世界上有 86 种金属。通常人们把金属分成两大类：黑色金属和有色金属。黑色金属主要指铁、锰、铬及其合金，如钢、生铁、铁合金、铸铁等。黑色金属以外的金属称为有色金属。

黑色金属和有色金属这两个名字，常常使人误会，以为黑色金属一定是黑色的，其实不然。黑色金属只有三种：铁、锰与铬。而它们三个都不是黑色的！纯铁是银白色的；锰是银白色的；铬是灰白色的。因为铁的表面常常生锈，覆盖着一层黑色的四氧化三铁与棕褐色的三氧化二铁的混合物，看上去就是黑色的。怪不得人们称之为"黑色金属"。常说的"黑色冶金工业"，主要是指钢铁工业。因为最常见的合金钢是锰钢与铬钢，这样，人们把锰与铬也算成是"黑色金属"了。

除了铁、锰、铬以外，其他的金属，都算是有色金属。

另外，人们专门把这三种金属及其合金归成一类，而把其余所有的金属及合金归为有色金属，这是因为钢铁在国民经济中占有极其重要的地位，是衡量一个国家综合国力的重要标志之一；它的产量约占世界金属总产量的95%。铬是所有金属中最硬的，并且很难被腐蚀。人们常把铬掺进钢里，制成又硬又耐腐蚀的铬钢。铬钢是建造机械、枪炮筒、坦克和装甲车等的好材料。在炼钢时掺入12%以上的铬，再掺进一定量的镍，可以炼成不锈钢。铬还是电镀时的必用金属。在炼钢时掺入约13%的锰，可炼出坚硬、强韧的锰钢。人们用锰钢制造滚珠轴承、推土机与挖掘机的铲斗等易磨损部件。高锰钢还用来制造钢盔、坦克的装甲和穿甲弹的弹头等。

◉▶ 为生活增光添色的有色金属

有色金属是指铁、铬、锰三种金属以外所有的金属。中国在1958年将铁、铬、锰列入黑色金属；并将铁、铬、锰以外的64种金属列入有色金属。

这64种有色金属包括铝、镁、钾、钠、钙、锶、钡、铜、铅、锌、锡、钴、镍、锑、汞、镉、铋、金、银、铂、钌、铑、钯、锇、铱、铍、锂、铷、铯、钛、锆、铪、钒、铌、钽、钨、钼、镓、铟、铊、锗、铼、镧、铈、镨、钕、钐、铕、钆、铽、镝、钬、铒、铥、镱、镥、钪、钇、硅、硼、硒、碲、砷、钍。

有色金属制品

在历史上，生产工具所用的材料不断改进，它与人类社会发展的关系十分密切。因此历史学家曾用器物的材质来标志历史时期，如石器时代、青铜器时代、铁器时代等。到17世纪末被人类明确认识和应用的有色金属共8种。中华民族在这些有色金属的发现和生产方面有过重大的贡献。进入18世纪后，科学技术的迅速发展，促进了许多新的有色金属元素的发现。上述的64种有色金属除在17世纪前已被认识应用的8种外，在18世纪共发现13种，19世纪发现39种，20世纪，又发现4种。

有色合金的强度和硬度一般比纯金属高，电阻比纯金属大，电阻温度系数小，具有良好的综合机械性能。常用的有色合金有铝合金、铜合金、镁合金、镍合金、锡合金、钽合金、钛合金、锌合金、钼合金、锆合金等。

有色金属的比表面积也是非常重要的，比表面积测试有专用的比表面积测试仪，国外采用的一般是静态氮吸附法，国内比较成熟的是动态氮吸附法。有色金属中的铜是人类最早使用的金属

广角镜

铜

铜是一种化学元素，它的化学符号是Cu，它的原子序数是29，是一种过渡金属。铜是人类发现最早的金属之一，也是最好的纯金属之一，稍硬、极坚韧、耐磨损。铜还有很好的延展性，导热和导电性能较好。铜和它的一些合金有较好的耐腐蚀能力，在干燥的空气里很稳定，但在潮湿的空气里在其表面可以生成一层绿色的碱式碳酸铜$Cu_2(OH)_2CO_3$，这叫铜绿。

材料之一。现代，有色金属及其合金已成为机械制造业、建筑业、电子工业、航空航天、核能利用等领域不可缺少的结构材料和功能材料。

实际应用中，通常将有色金属分为5类：

1. 轻金属。它的密度小于4500千克/米³，如铝、镁、钾、钠、钙、锶、钡等。

2. 重金属。它的密度大于4500千克/米³，如铜、镍、钴、铅、锌、锡、锑、铋、镉、汞等。

3. 贵金属。它的价格一般比常用金属昂贵，地壳丰度低，提纯困难，如金、银及铂族金属。

4. 半金属。它的性质介于金属和非金属之间，如硅、硒、碲、砷、硼等。

5. 稀有金属。它包括稀有轻金属，如锂、铷、铯等；稀有难熔金属，如钛、锆、钼、钨等；稀有分散金属，如镓、铟、锗、铊等；稀土金属，如钪、钇、镧等金属；放射性金属，如镭、钫、钋及阿系元素中的铀、钍等。

重金属

📌 前途无量的合金家族

如今社会的生产、生活中，都会时不时提到"某某合金"之类的话，这好像已经成了一种很常用的材料了。但是什么是合金呢？

合金是指由两种或两种以上的金属或金属与非金属经一定方法所合成的具有金属特性的物质。它一般通过熔合成均匀液体和凝固而得。根据组成元素的数目，合金可分为二元合金、三元合金和多元合金。中国是世界上最早研究和生产合金的国家之一，在商朝（距今3000多年前）青铜（铜锡合金）工艺就已非常发达；公元前6世纪左右（春秋晚期）已锻打（还进行过热处理）出锋利的剑（钢制品）。

广角镜

青铜

青铜原指铜锡合金，后除黄铜、白铜以外的铜合金均称青铜，并常在青铜名字前冠以第一主要添加元素的名。锡青铜的铸造性能、减摩性能和机械性能好，适合于制造轴承、涡轮、齿轮等。铅青铜是现代发动机和磨床广泛使用的轴承材料。铝青铜强度高，耐磨性和耐蚀性好，用于铸造高载荷的齿轮、轴套、船用螺旋桨等。铍青铜和磷青铜的弹性极限高，导电性好，适于制造精密弹簧和电接触元件，铍青铜还用来制造煤矿、油库等使用的无火花工具。

根据结构的不同，合金的主要类型有以下三种：

1. 混合物合金（共熔混合物），当液态合金凝固时，构成合金的各组分分别结晶而成的合金，如焊锡、铋镉合金等。

2. 固熔体合金，当液态合金凝固时形成固溶体的合金，如金银合金等。

3. 金属互化物合金，各组分相互形成化合物的合金，如铜、锌组成的黄铜（β-黄铜、γ-黄铜和ε-黄铜）等。

合金的许多性能优于纯金属，故在应用材料中大多使用合金。

各类型合金都有以下通性：

1. 多数合金的熔点低于其组分中任一种组成金属的熔点。

2. 硬度比其组分中任何一种金属的硬度都大。

3. 合金的导电性和导热性低于任一组分金属。利用合金的这一特性，可以制造高电阻和高热阻材料，还可制造有特殊性能的材料，如在铁中掺入15%铬和9%镍得到一种耐腐蚀的不锈钢，适用于化学工业。

4. 有的抗腐蚀能力强（如不锈钢）。

┌───┐
│ 知识小链接 │
└───┘

电 阻

在物理学中，用电阻来表示导体对电流阻碍作用的大小。导体的电阻越大，表示导体对电流的阻碍作用越大。不同的导体，电阻一般不同，电阻是导体本身的一种特性。电阻元件是对电流呈现阻碍作用的耗能元件。电阻元件的电阻值大小一般与温度、材料、长度，还有横截面积有关，衡量电阻受温度影响大小的物理量是温度系数，其定义为温度每升高1℃时电阻值发生变化的百分数。

◎ 钢 铁

钢铁是铁与碳、硅、锰、磷、硫以及少量的其他元素所组成的合金。其中除铁外，碳的含量对钢铁的机械性能起着主要作用，故统称为铁碳合金。它是工程技术中最重要、用量最大的金属材料。

按含碳量不同，铁碳合金分为钢与生铁两大类，钢是含碳量为0.03% ~2% 的铁碳合金。碳钢是最常用的普通钢，冶炼方便，加工容易，价格低廉，而且在多

日常生活中的钢铁

数情况下能满足使用要求，所以应用十分普遍。按含碳量不同，碳钢又分为低碳钢、中碳钢和高碳钢。随着含碳量的升高，碳钢的硬度增加，韧性下降。合金钢又叫特种钢，在碳钢的基础上加入一种或多种合金元素，使钢的组织结构和性能发生变化，从而具有一些特殊性能，如高硬度、高耐磨性、高韧性、耐腐蚀性等。经常加入钢中的合金元素有硅、钨、锰、铬等。我国合金钢的资源相当丰富，除铬不足、锰品位较低外，钨和稀土金属储量都很高。21 世纪初，合金钢在钢的总产量中的比例大幅度增长。

含碳量2% ~4.3%的铁碳合金被称为生铁。生铁硬而脆，但耐压耐磨。

根据生铁中碳存在的形态不同又可分为白口铁、灰口铁和球墨铸铁。白口铁断口呈银白色，质硬而脆，不能进行机械加工，是炼钢的原料，故又称炼钢生铁。碳以片状石墨形态分布的称灰口铁，断口呈银灰色，易切削，易铸，耐磨。若碳以球状石墨分布则称球墨铸铁，其机械性能、加工性能接近于钢。在铸铁中加入特种合金元素可得特种铸铁，如加入铬，耐磨性可大幅度提高，在特种条件下有十分重要的应用。

◎ 铝合金

铝是分布较广的元素，在地壳中含量仅次于氧和硅，是金属中含量最高的。纯铝密度较低，为 2.7 克/厘米^3，有良好的导热、导电性，延展性好，塑性高，可进行各种机械加工。铝的化学性质活泼，在空气中迅速氧化形成一层致密、牢固的氧化膜，因而具有良好的耐蚀性。但纯铝的强度低，只有通过合金化才能得到可作结构材料使用的各种铝合金。

铝合金的突出特点是密度小、强度高。铝中加入锰、镁形成的合金具有很好的耐蚀性、良好的塑性和较高的强度，称为防锈铝合金，用于制造油箱、容器、管道、铆钉等。硬铝合金的强度较防锈铝合金高，但防蚀性能有所下降，这类合金有铝－铜－镁系和铝－铜－镁－锌系。新近开发的高强度硬铝，强度进一步提高，密度比普通硬铝减小 15% 且能挤压成型，可用作摩托车骨架和轮圈等构件。铝－锂合金可制作飞机零件和承受载重的高级运动器材。

铝合金

目前高强度铝合金广泛应用于制造飞机、舰艇和载重汽车等，可增加它们的载重量，提高运行速度，并具有抗海水侵蚀、避磁性等特点。

◎ 铜合金

纯铜呈紫红色，故又称紫铜，有极好的导热、导电性，其导电性仅次于银而居金属的第二位。铜具有优良的化学稳定性和耐蚀性能，是优良的电工用金属材料。

工业中广泛使用的铜合金有黄铜、青铜和白铜等。

铜与锌的合金称黄铜，其中铜占 60%～90%、锌占 40%～10%，

铜合金

有优良的导热性和耐腐蚀性，可用作各种仪器零件。再如在黄铜中加入少量锡，称为海军黄铜，具有很好的抗海水腐蚀的能力。在黄铜中加入少量的有润滑作用的铅，可用作滑动轴承材料。

广角镜

铅

铅是化学元素，其化学符号是 Pb，原子序数为 82。铅是柔软、延展性强的弱金属，有毒，也是重金属。铅的本色为青白色，在空气中表面很快被一层暗灰色的氧化物覆盖。它可用于建筑材料、铅酸蓄电池、枪弹和炮弹、焊锡、奖杯和某些合金。

青铜是人类使用历史最久的金属材料，它是铜、锡合金。锡的加入明显地提高了铜的强度，并使其塑性得到改善，抗腐蚀性增强，因此锡青铜常用于制造齿轮等耐磨零部件和耐蚀配件。锡较贵，目前已大量用铝、硅、锰来代替锡而得到一系列青铜合金。铝青铜的耐蚀性比锡青铜还好。铍青铜是强度最高的铜合金，它无磁性又有优异的抗腐蚀性能，是可与钢相竞争的弹簧材料。

白铜是铜–镍合金，有优异的耐蚀性和高的电阻，故可用作苛刻腐蚀条件下工作的零部件和电阻器的材料。

◎锌合金

锌合金是指以锌为基础加入其他元素组成的合金，常加的合金元素有铝、铜、镁、镉、铅、钛等。锌合金熔点低，流动性好，易熔焊、钎焊和塑性加工，在大气中耐腐蚀，残废料便于回收和重熔；但蠕变强度低，易发生自然时效引起尺寸变化。熔融法制备，压铸或压力加工成材。

拓展思考

物质的熔点与什么有关?

熔点是晶体将其物态由固态转变为液态的过程中固液共存状态的温度。各种晶体的熔点不同，对同一种晶体，熔点又与所受压强有关。进行相反动作的温度，称之为凝固点，在一定压强下，任何晶体的凝固点和熔点相同。一般来说，非晶体并没有固定的熔点和凝固点。与沸点不同的是，熔点受压强的影响很小。大多数物质的熔点和凝固点都是相同的。

锌合金按制造工艺可分为变形锌合金与铸造锌合金两类。铸造锌合金流动性和耐腐蚀性较好，适用于压铸仪表、汽车零件外壳等。

锌合金的特点：

1. 比重大。

2. 铸造性能好，可以压铸形状复杂、薄壁的精密件，铸件表面光滑。

3. 可进行表面处理，如电镀、喷涂、喷漆等。

4. 熔化与压铸时不吸铁，不腐蚀压型，不粘膜。

5. 有很好的常温机械性能和耐磨性。

6. 熔点低，在385℃熔化，容易压铸成型。

◎铅锡合金

铅锡合金按用途分为：

1. 铅基或锡基轴承合金。锡基轴承合金与铅基轴承合金统称为巴氏合金。锡基轴承合金一般含锑3%～15%、铜3%～10%，有的锡基轴承合金品种还含有 10% 的铅。锑、铜用以提高锡基轴承合金的强度和硬度。锡基轴承合金摩擦系数小，有良好的韧性、导热性和耐蚀性，主要用以制造滑动轴承。

你知道吗

什么是摩擦系数？

两固体表面之间的摩擦力与正向压力成正比，这个比值叫作摩擦系数。摩擦系数由滑动面的性质、粗糙度和（可能存在的）润滑剂所决定。滑动面越粗糙，摩擦系数越大。物体间的摩擦系数分为两种，一种是滑动摩擦系数，另一种为最大静摩擦力系数，在数值上，后者略大于前者。另外，如果两物体间的相对速度较大，那么滑动摩擦系数还和相对速度大小有关。

2. 铅锡焊料。它以铅锡合金为主，有的锡焊料还含少量的锑。含铅 38.1% 的锡合金俗称焊锡，熔点约 183℃，用于电器仪表工业中元件的焊接以及汽车散热器、热交换器、食品和饮料容器的密封等。

3. 铅锡合金涂层。利用锡合金的抗蚀性能，将其涂敷于各种电气元件表面，既具有保护性，又具有装饰性。常用的有锡铅系、锡镍系涂层等。

4. 铅锡合金。它可以用来生产制作各种精美合金饰品、合金工艺品，如戒指、项链、手镯、耳环、胸针、纽扣、领带夹、帽饰、工艺摆饰、合金相框、微型塑像、纪念品等。

铅锡合金（用作合金饰品、合金工艺品材料）的特点：

1. 铅锡合金性能稳定，熔点低，流动性好，收缩性小。

2. 铅锡合金晶粒幼细，韧性

铅锡合金

良好，软硬适宜，表面光滑，无砂洞，无疵点，无裂纹，磨光及电镀效果好。

3. 铅锡合金离心铸造性能好，韧性强，可以铸造形状复杂、薄壁的精密件，铸件表面光滑。

4. 铅锡合金产品可进行表面处理，如电镀、喷涂、喷漆等。

5. 铅锡合金晶体结构致密，在原料方面确保铸件尺寸公差小，表面精美，后处理瑕疵少。

◎ 特种合金

目前工业上应用的合金种类数以千计，现只简要地介绍其中几大类。

1. 耐蚀合金：金属材料在腐蚀性介质中所具有的抵抗介质侵蚀的能力，称金属的耐蚀性。纯金属中耐蚀性高的通常具备下述三个条件之一。①热力学稳定性高的金属。通常可用其标准电极电势来判断，其数值较正者稳定性较高；较负者则稳定性较低。耐蚀性好的贵金属，如铂、金、银、铜等就属于这一类。②易于钝化的金属。不少金属可在氧化性介质中形成具有保护作用的致密氧化膜，这种现象称为钝化。金属中最容易钝化的是钽、铌、铬和铝等。③表面能生成难溶的和保护性能良好的腐蚀产物膜的金属。这种情况只有在金属处于特定的腐蚀介质中才出现，例如，铅和铝在硫酸溶液中、铁在磷酸溶液中、钼在盐酸中以及锌在大气中等。

因此，工业上根据上述原理，采用合金化方法获得一系列耐蚀合金，一般有相应的三种方法：①提高金属或合金的热力学稳定性，即向原不耐蚀的金属或合金中加入热力学稳定性高的合金元素，形成固溶体以及提高合金的电极电势，增强其耐蚀性。例如在铜中加金，在镍中加入铜、铬等，即属此类。不过这种大量加入贵金属的办法，在工业结构材料中的应用是有限的。②加入易钝化合金元素，如铬、镍、钼等，可提高基体金属的耐蚀性。在钢中加入适量的铬，即可制得铬系不锈钢。实验证明，在不锈钢中，含铬量一般应大于13%时才能起抗蚀作用，铬含量越高，其耐蚀性越好。这类不锈钢在氧化介质中有很好的抗蚀性，但在非氧化性介质如稀硫酸和盐酸中，耐蚀性较差。这是因为非氧化性酸不易使合金生成氧化膜，同时对氧化膜还有溶解作用。③加入能促使合金表面生成致密的腐蚀产物保护膜的合金元素，是制取耐蚀合金的又一途径。例如，钢能耐大气腐蚀是由于其表面形成结构致密的化合物羟基氧化铁，它能起保护作用。钢中加入铜与磷或磷与铬均可促进这种保护膜的生成，由此可用铜、磷或磷、铬制成耐大气腐蚀的低合金钢。

知识小链接

盐　酸

　　盐酸，学名氢氯酸，是氯化氢的水溶液，是一元酸。盐酸是一种强酸，浓盐酸具有极强的挥发性，因此盛有浓盐酸的容器打开后能在上方看见酸雾，那是氯化氢挥发后与空气中的水蒸气结合产生的盐酸小液滴。它有众多规模较小的应用，包括家居清洁、食品添加剂、除锈、皮革加工等。盐酸是一种常见的化学品，在一般情况下，浓盐酸中氯化氢的质量分数在 37% 左右。同时，胃酸的主要成分也是盐酸。

　　金属腐蚀是工业上危害最大的自发过程，因此耐蚀合金的开发与应用，有重大的社会意义和经济价值。

　　2. 耐热合金又称高温合金，它对于在高温条件下的工业部门和应用技术领域有着重大的意义。

　　一般来说，金属材料的熔点越高，其可使用的温度限度就越高。这是因为随着温度的升高，金属材料的机械性能显著下降，氧化腐蚀的趋势相应增大，因此，一般的金属材料都只能在 500～600℃ 下长期工作。能在高于 700℃ 的高温下工作的金属通称耐热合金。"耐热"是指其在高温下能保持足够的强度和良好的抗氧化性。

　　提高钢铁抗氧化性的途径有两条：一是在钢中加入铬、硅、铝等合金元素或者在钢的表面进行铬、硅、铝合金化处理。它们在氧化性气氛中可很快生成一层致密的氧化膜，并牢固地附着在钢的表面，从而有效地阻止氧化的继续进行。二是用各种方法在钢铁表面形成高熔点的氧化物、碳化物、氮化物等耐高温涂层。

提高钢铁高温强度的方法很多，从结构、性质的化学观点看，大致有以下两种方法：一是增加钢中原子间在高温下的结合力。研究指出，金属中结合力，即金属键强度大小，主要与原子中未成对的电子数有关。从元素周期表中看，VI_B 元素金属键在同一周期内最强。因此，在钢中加入铬、钼、钨等原子的效果最佳。二是加入能形成各种碳化物或金属间化合物的元素，以使钢基体强化。由若干过渡金属与碳原子生成的碳化物属于间隙化合物，它们在金属键的基础上，又增加了共价键的成分，因此硬度极大，熔点很高。

利用合金方法，除铁基耐热合金外，还可制得镍基、钼基、铌基和钨基耐热合金，它们在高温下具有良好的机械性能和化学稳定性。其中镍基合金是最优的超耐热金属材料，组织中基体是镍、铬、钴的固溶体和镍三铝金属化合物，经处理后，其使用温度可达 1000～1100℃。

◎ 钛合金

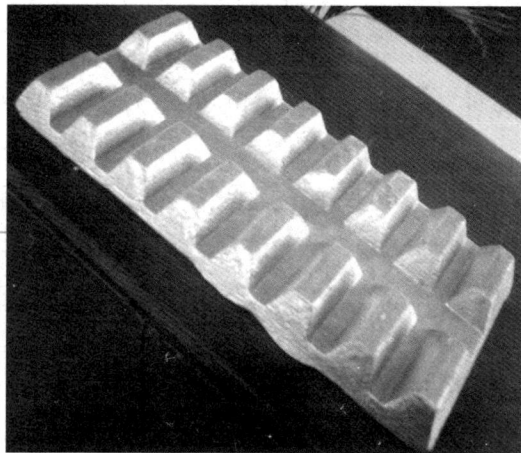

钛合金

钛是元素周期表中第 IV_B 类元素，外观似钢，熔点达 1672℃，属难熔金属。钛在地壳中含量较丰富，远高于铜、锌、锡、铅等常见金属。我国钛的资源极为丰富，仅四川攀枝花地区发现的特大型钒钛磁铁矿中，伴生钛金属储量就约达 4.2 亿吨，接近国外探明钛储量的总和。

元素周期表

基本
小知识

元素周期表是根据原子序从小至大排序的化学元素列表。它由门捷列夫于 1869 年创造，用以展现当时已知元素特性的周期性，之后不断完善。元素周期表大体呈长方形，某些元素周期中留有空格，使特性相近的元素归在同一族中，如卤素及惰性气体。这使元素周期表中形成元素分区。由于元素周期表能够准确地预测各种元素的特性及其之间的关系，因此它在化学及其他科学范畴中被广泛使用。

纯钛机械性能强，可塑性好，易于加工，如有杂质，特别是氧、氮、碳，会提高钛的强度和硬度，但会降低其塑性，增加脆性。

钛是容易钝化的金属，且在含氧环境中，其钝化膜在受到破坏后还能自行愈合。钛的另一重要特性是密度小。它的强度是不锈钢的 3.5 倍，铝合金的 1.3 倍，是目前所有工业金属材料中最高的。

液态的钛几乎能溶解所有的金属，形成固溶体或金属化合物等各种合金。合金元素如铝、钒、锡、硅、钼和锰等的加入，可改善钛的性能，以适应不同部门的需要。例如，钛－铝－锡合金有很高的热稳定性，可在相当高的温度下长时间工作；以钛－铝－钒合金为代表的超塑性合金，可以 50% ~ 150% 地伸长加工成型，其最大伸长率可达到 2000% 。而一般合金的塑性加工的伸长率最大不超过 30% 。

由于上述优异性能，钛享有"未来的金属"的美称。钛合金已广泛用于国民经济各部门，它是火箭、导弹和航天飞机不可缺少的材料。船舶、化工、电子器件和通信设备以及若干轻工业部门中要大量应用钛合金，只是目前钛的价格较昂贵，限制了它的广泛使用。

◎ 磁性合金

材料在外加磁场中，可表现出以下三种情况：

1. 不被磁场所吸引的，叫反磁性材料。

磁性合金有着广泛的应用

2. 微弱地被磁场所吸引的，叫顺磁性材料。

3. 强烈地被磁场吸引的，称铁磁性材料，其磁性随外磁场的加强而急剧增高，并在外磁场移走后，仍能保留磁性。

金属材料中，大多数过渡金属具有顺磁性；只有铁、钴、镍等少数金属是铁磁性的。金属中组成永磁材料的主要元素是铁、钴、镍和某些稀土元素。目前使用的永磁合金有稀土－钴系、铁－铬－钴系和锰－铝－碳系合金。磁性合金在电力、电子、计算机、自动控制和电光学等新兴技术领域中有着日益广泛的应用。

神奇的形状记忆合金

1932 年，瑞典人奥兰德在金镉合金中首次观察到"记忆"效应，即合金的形状被改变之后，一旦加热到一定的跃变温度时，它又可以魔术般地变回到原来的形状，人们把具有这种特殊功能的合金称为形状记忆合金。形状记忆合金的开发迄今不过 30 余年，但由于其在各领域的特殊应用，正广为世人所瞩目，被誉为"神奇的功能材料"。

这种具有记忆本领的合金，确实身手不凡，已在工业生产、航天、电子器具、家用电器、医疗技术和能源设备等许多方面得到了广泛的应用，充分显示了它那出色的才能。

形状记忆合金在航天方面的应用已取得重大进展。荷兰科学家已采用镍钛形状记忆合金板制成了人造卫星天线。这种天线能卷放在卫星体内，当卫星进入轨道后，利用太阳能或其他热源加热，它就能在太空中自动展开。

美国国家航空航天局采用形状记忆合金制造了月面天线。这种月面天线为半球形展开天线，体积较大。制成后，对它进行记忆热处理，以提高记忆性能。当往运载火箭或航天飞机上装载时，先压缩成便于装运的小球团，待发送到月球表面时，受太阳光照射加热而恢复所记忆的原形，展开成正常工作的半球形天线。由月面天线的成功应用，人们就想到，如果汽车的车身也采用这种形状记忆材料制造，那么即使汽车受撞变形，也能用热水或喷灯等稍稍加热来自动恢复原形，从而使汽车永葆美丽的"容颜"。

基本 小知识 👆

人造卫星

人造卫星是环绕地球在空间轨道上运行（至少一圈）的无人航天器。人造卫星基本按照天体力学规律绕地球运动，但因在不同的轨道上受非球形地球引力场、大气阻力、太阳引力、月球引力和光压的影响，实际运动情况非常复杂。人造卫星是发射数量最多、用途最广、发展最快的航天器。人造卫星发射数量约占航天器发射总数的 90% 以上。

由于形状记忆合金具有感知温度和驱动的双重本领，而所需要的热能可以直接取自工作环境，因而形状记忆合金可制成理想的温度控制装置，用来取代传统的控温系统，使自动控温器不仅能小型化、无声化，而且可提高效率、节约能源和降低成本。例如，现在已将形状记忆合金用于灯光调节和遥控门窗开关等方面，取得了较好的效果。

形状记忆合金已在电器和电子仪器方面大显身手了。它可用于各种电磁控制装置，取代许多电动器，从而简化了结构，降低了成本。例如，自动电子干燥箱采用形状记忆合金后性能大为提

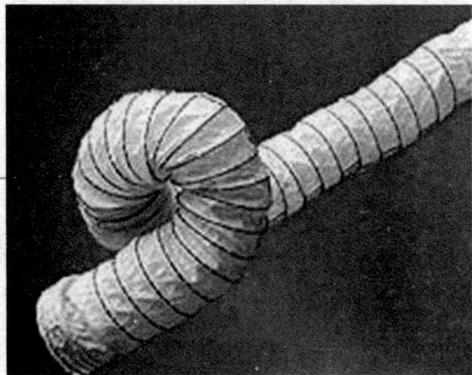

形状记忆合金

高。这种利用形状记忆合金驱动元件的自动电子干燥箱，由干燥室和内装干燥剂的干燥器组成。干燥器和干燥室之间有一个闸门，而在干燥器的外侧还装有一个排泄湿气的闸门。在电子干燥箱处于低温时，干燥剂吸收空气中的湿气；而当加热器工作使温度升高时，形状记忆合金弹簧开始动作，关闭内闸门而打开外闸门，使干燥剂中的湿气往外排出，同时切断加热器电源。当温度降到一定值时，在偏压弹簧作用下使形状记忆合金弹簧复原，同时关闭外闸门，并打开内闸门吸湿和接通加热器电源。这样，两个闸门在形状记忆合金弹簧的控制下，交替地打开、关闭，自动地完成了干燥工作。这种干燥箱的闸门开闭器，采用了镍钛形状记忆合金弹簧和偏压弹簧构成的热敏元件，代替了常用的电磁元件，使干燥箱的体积减小而重量减轻，但干燥能力却大为提高，而且无噪声，还节约了电能。

汽车发动机冷却风扇离合器也是形状记忆合金的主要用武之地。离合器采用形状记忆合金元件后，当发动机的温度高于规定时，形状记忆合金元件才使风扇连上传动轴，开始对发动机进行冷却降温。这样，既可缩短暖机时间，又能提高节能效率。

形状记忆合金在能源开发上也是大有作为的。早在 1973 年，美国就制成了镍钛诺尔热机，开辟了形状记忆合金在能源开发上的应用之路。此后，又相继出现了各种形式的形状记忆合金热机。到 1982 年，人们又制成了用镍钛形状记忆合金热机与太阳能集热器配套的新型动力装置。另外，还发明了利用废水余热和地热作热源的形状记忆合金热机。

近年来开发的形状记忆合金热机，大都是回转式的，其中以日本研制成的一种固体热机最具代表性。这种形状记忆合金热机有两个直径不同的链轮，链轮上配有一条环形链条。作为传动带的环形链条，用形状记忆合金制成。当环形链条的一侧通过热水加热时，链条便恢复原形，即由于形状记忆效应而收缩，使得链条另一侧产生拉力，从而引起链轮转动。而当收缩的链条转到另一侧时，受到冷水冷却便变软而伸长。如此反复加热和冷却，就会使形状记忆合金链条反复缩短和伸长，结果导致链条带动链轮旋转，即可产生机械动力。它的转速达到每分钟 1000 转，适合于利用温度

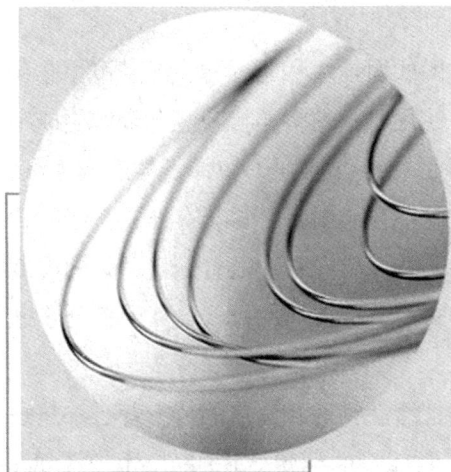

形状记忆合金丝

较低的热源，如太阳能、地热、海洋能等自然热源，尤其适合于废水、废气等低级热源的利用。

形状记忆合金还具有全方位的记忆本领，即能对各个不同方向发生的变化（如温度）作出反应。利用这种性能可制成灵敏的火灾报警器。在正常室温下，警铃的开关（用形状记忆合金制成）处于开启状态，警铃不发出声响；若温度高于室温，出现火灾苗头，形状记忆合金开关就恢复原状，使开关闭合，于是便警铃大作。

在医疗技术方面，形状记忆合金也得到广泛应用，成为医生的得力助手。用形状记忆合金可制成清除血栓块的血液滤清器。这种血液滤清器是先将形状记忆合金丝绕制成滤网状，并加以形状记忆效应热处理。然后，在较低温度下再将滤网伸展成直线形状，再插入患者心脏一侧的大静脉血管内。直线状的滤网在血管内的温度升高到体温时，由于记忆效应它就会恢复成滤网状，用这种滤网来清除血液中的血栓块，从而阻止95%的血栓块流向心脏和肺部。这种血液滤清器同样也可用作

广角镜

胆固醇

胆固醇又称胆甾醇，是一种环戊烷多氢菲的衍生物。早在18世纪人们已从胆石中发现了胆固醇，1816年化学家本歇尔将这种具脂类性质的物质命名为胆固醇。胆固醇广泛存在于动物体内，尤以脑及神经组织中最为丰富，在肾、脾、皮肤、肝和胆汁中含量也高。它的溶解性与脂肪类似，不溶于水，易溶于乙醚、氯仿等溶剂。胆固醇是动物组织细胞所不可缺少的重要物质，它不仅参与形成细胞膜，而且是合成胆汁酸、维生素D以及甾体激素的原料。

血液内胆固醇的清除器。

形状记忆合金不仅能用来滤清血液内的血栓块和胆固醇，而且可用它制成弹簧来打通被血栓堵塞的冠状动脉。使用时，先将形状记忆合金丝绕成细小的弹簧，并进行记忆效应热处理。然后在较低温度下使弹簧伸展成直线，插入内充冷水的导管里。接着，在 X 光的配合照射下，将装有伸成直线的弹簧的导管送入冠状动脉被堵塞的血栓中，并抽出导管。随着冠状动脉内温度的升高，形状记忆合金丝就会恢复成弹簧状，将血栓块撑开，从而打开了通路，使血液畅通。

人们还将形状记忆合金用来制成矫正治疗脊椎侧弯症的矫形背心。它是先将形状记忆合金棒条做成符合患者正常体形的形状，并加以记忆热处理，然后再在低温下加工成患者弯曲的脊椎形状，做成患者合体的背心。当患者穿上这种背心后，背心的温度逐渐升高到人的体温。这时，形状记忆合金背心就恢复到患者正常体形的形状，从而使畸形得到矫正。

形状记忆合金在治疗骨折方面也是把好手。例如，用形状记忆合金制成骨折用的固定夹板，依靠人的体温使形状记忆合金夹板升温，所产生的形状记忆效应，不仅能将两段断骨固定住，而且夹板在恢复原来形状的过程中产生压缩力，迫使断骨很快愈合。

此外，形状记忆合金还在许多方面施展着它的出色本领。有一种用形状记忆合金制成的温室自动开闭臂，能在阳光照耀的白天打开通气窗，而在晚间室温下降时将其自动关闭，完全不用人去照管。

除了形状记忆合金具有形状记忆功能外，近年来人们还发现一些高分子聚合物（如塑料）也具有形状记忆功能。日本一家公司已研制成一种苯乙烯和丁二烯聚合物的形状记忆塑料。当将这种塑料加热至60℃时，丁二烯开始部分软化，而苯乙烯仍保持坚硬状态，以此来保持形状记忆性能。随后，一些形状记忆塑料产品便相继开发出来。日本的一些汽车公司，用形状记忆塑料制成汽车的保险杠和易碰撞部位。一旦汽车被撞瘪，只要用理发用的吹风机一吹，这些部件很快就会恢复原状，真像变戏法一样。

知识小链接

苯乙烯

苯乙烯是用苯取代乙烯的一个氢原子而形成的有机化合物，乙烯基的电子与苯环共轭，不溶于水，溶于乙醇、乙醚中，暴露于空气中逐渐发生聚合及氧化。在工业上，它是合成树脂、离子交换树脂及合成橡胶等的重要单体。

人们还在设想，采用形状记忆塑料制成桶、盆、椅、桌、凳等生活用具，可以先将它们压扁堆放，省得占地方。一旦需要使用或者你外出旅游，和家人一起带上这些压成扁形的塑料用具和小桌椅，只要浇些热水，它们一个个就会"立"起来成形，使用、携带非常方便。

作为一类新兴的功能材料，形状记忆合金的很多新用途正不断被开发，例如用形状记忆合金制作的眼镜架，如果不小心被碰弯了，只要将其放在热水中加热，就可以恢复原状，既省钱又省力，实在方便。

▶ 超塑性合金

超塑性合金有一种奇怪的特性，在适当的温度下能够像泡泡糖一样伸长10倍、20倍、几十倍直至上百倍，它既不会出现缩颈，也不会断裂。本来是硬而脆的合金，利用它的"超塑性"，人们就能够把它吹制成像气球一样的薄壳。

比如，钛合金本来是一种很难变形的合金，它在常温下的最大延伸率只有30%左右。过去，在利用钛合金加工形状复杂的零件时，往往采用"蠕变加工法"，变形过程需要1小时以上。现在利用"超塑性成型"，制造任何形状复杂的钛合金零件一般都不会超过8分钟。

钛合金在飞机、导弹和航天飞机上用得很多。为了解决零件加工困难的问题，现在除了采用"超塑性成型"以外，还采用"超塑性扩散连接"的办法。

所谓"超塑性扩散连接"，就是把温度控制在金属的熔点以下来进行焊接，在足够的热量和压力之下，使两块金属的接触面上的原子和分子相互扩散，从而连接成一个整体，这种扩散连接一般是在真空中或惰性气体中进行的。

超塑性合金

拓展阅读

航天飞机

航天飞机是可重复使用的、往返于太空和地面之间的航天器，结合了飞机与航天器的性质。它既能代替运载火箭把人造卫星等航天器送入太空，也能像载人飞船那样在轨道上运行，还能像飞机那样在大气层中滑翔着陆。航天飞机为人类自由进出太空提供了便利，它大大降低了航天活动的费用，是航天史上的一个重要里程碑。

对钛合金而言，它的"超塑性成型"温度和"超塑性扩散连接"温度正好是相同的，都是在 871～927℃ 之间，因此对钛合金可以同时进行这两项工艺，就是让它在变形的过程中同时完成扩散连接的任务，这样就可以一次直接加工出形状复杂的大型构件。与以往的铆接和焊接方法比较起来，可以降低成本 40%～60%，减轻重量 30%～50%。减轻重量，这对于飞机、导弹和航天飞机的制造来说无疑具有重要的意义。

美国、俄罗斯、日本和西欧各国都对金属材料的超塑性进行了广泛而深入的研究，除了钛合金以外，各国对超高强度钢和高温合金等许多种金属材料和合金的超塑性研究也都取得了长足的进展。现在，各种超塑性合金已经进入大量使用阶段，"超塑性加工"已经发展成为国际上一种相当流行的新工艺。

▶ 不锈钢为什么不生锈

➡◎ 什么叫不锈钢

所有金属都和大气中的氧气进行反应，在表面形成氧化膜。不幸的是，在普通碳钢上形成的氧化铁继续进行氧化，使锈蚀不断扩大，最终形成孔洞。可以利用油漆或耐氧化的金属（例如，锌、镍和铬）进行电镀来保护碳钢表面，但是，正如人们所知道的那样，这种保护仅是一种薄膜。如果保护层被破坏，下面的钢便开始锈蚀。

基本小知识

电　镀

电镀就是利用电解原理在某些金属表面镀上一层其他金属或合金的过程，是利用电解作用使金属或其他材料制件的表面附着一层金属膜的工艺，从而起到防止腐蚀，提高耐磨性、导电性、反光性及增进美观等作用。

耐空气、蒸汽、水等弱腐蚀介质和酸、碱、盐等化学浸蚀性介质腐蚀的钢，就是不锈耐酸钢。

不锈钢是具有百年发展历程的现代材料。不锈钢的发明人是英国冶金专家亨利·布雷尔利。

实际应用中，常将耐弱腐蚀介质腐蚀的钢称为不锈钢，而将耐化学介质腐蚀的钢称为耐酸钢。由于两者在化学成分上的差异，前者不一定耐化学介质腐蚀，而后者则一般均具有不锈性。不锈钢的耐蚀性取决于钢中所含的合金元素。铬是使不锈钢获得耐蚀性的基本元素，当钢中含铬量达到 1.2% 左右时，铬与腐蚀介质中的氧作用，在钢表面形成一层很薄的氧化膜（钝化膜），可阻止钢的基体进一步腐蚀。除铬外，常用的合金元素还有镍、

不锈钢的重型滑轨

钼、钛、铌、铜、氮等，以满足各种用途对不锈钢组织和性能的要求。

不锈钢通常按基体组织分为：

1. 铁素体不锈钢。它含铬12%～30%，其耐蚀性、韧性和可焊性随含铬量的增加而提高，耐氯化物应力腐蚀性能优于其他种类不锈钢。

2. 奥氏体不锈钢。它含铬大于18%，还含有8%左右的镍及少量钼、钛、氮等元素，综合性能好，可耐多种介质腐蚀。

3. 奥氏体-铁素体双相不锈钢。它兼有奥氏体和铁素体不锈钢的优点，并具有超塑性。

4. 马氏体不锈钢。这种不锈钢强度高，但塑性和可焊性较差。

◎ 不锈钢为什么耐腐蚀

不锈钢的耐腐蚀性取决于铬，但是因为铬是钢的组成部分之一，所以保护方法不尽相同。

在铬的添加量达到10.5%时，钢的耐大气腐蚀性能显著增加，但铬含量更高时，尽管仍可提高耐腐蚀性，但不明显。原因是用铬对钢进行合金化处理时，把表面氧化物的类型改变成了类似于纯铬金属上形成的表面氧化物。这种紧密黏附的富铬氧化物保护表面，防止进一步氧化。这种氧化层极薄，透过它可以看到钢表面的自然光泽，使不锈钢具有独特的表面。而且，如果损坏了表层，所暴露出的钢表面会和大气反应进行自我修理，重新形成这种氧化物薄膜，继续起保护作用。

因此，所有的不锈钢都具有一种共同的特性，即铬含量均在10.5%以上。而大气的腐蚀程度因地域而异，为便于说明，建议把地域分成四类，即乡村、城市、工业区和沿海地区。

乡村是基本上无污染的区域。该区人口密度低，通常只有一些无污染的工业。城市为典型的居住、商业和轻工业区，该区内有轻度污染，例如交通污染。工业区为重工业造成大气污染的区域。污染可能是由于燃油所形成的气体，例如硫和氮的氧化物或者是化工厂或加工厂释放的其他气体。工业区中，钢铁生产过程中产生的灰尘或氧化铁的沉积也会使腐蚀增加。

沿海地区通常指的是有海岸线的地区。但是，海洋大气可以向内陆纵深蔓延，在海岛上更是如此，盛行风来自海洋，而且气候恶劣。例如，英国的气候条件就是如此，所以整个国家都属于沿海区域。如果风中夹杂着海洋雾气，特别是由于蒸发造成盐沉积集聚，再加上雨水少，不经常被雨水冲刷，沿海区域的条件就更加不利。如果还有工业污染的话，腐蚀性就更大。

美国、英国、法国、意大利、瑞典和澳大利亚所进行的研究工作已经确定了这些区域对各种不锈钢耐大气腐蚀的影响。

在进行选择时，重要的是确定是否还有当地的因素影响使用现场环境。例如，不锈钢用在工厂烟囱的下方，用在空调排气挡板附近或废钢场附近，会存在一定的影响。

◎ 不锈钢的维修及清理

和其他暴露于大气中的材料一样，不锈钢也会被弄脏。但是，在雨水冲刷、人工冲洗和已脏表面之间还存在着一种相互关系。

通过把相同的板条直接放在大气中和放在有棚的地方确定了雨水冲刷的效果。人工冲洗的效果是通过人工用海绵沾上肥皂水每隔 6 个月擦洗每块板条的右边来确定的。结果发现，与放在有棚的地方和不被冲洗的地方的板条相比，通过雨水冲刷和人工擦洗去除表面的灰尘和淤积对表面情况有良好的作用。而且还发现，表面加工的状况也有影响，表面平滑的板条比表面粗糙的板条效果要好。

洗刷的间隔时间受多种因素影响，主要的影响因素是所要求的审美标准。虽然许多不锈钢幕墙仅仅是在擦玻璃时才进行冲洗，但是，一般来讲，用于外部的不锈钢每年要洗刷 2 次。

肥 皂

　　肥皂是脂肪酸金属盐的总称，化学通式为 RCOOM，式中 RCOO 为脂肪酸根，M 为金属离子。日用肥皂中的金属主要是钠或钾等碱金属，也有用氨及某些有机碱如乙醇胺、三乙醇胺等制成特殊用途肥皂的。广义上，油脂、蜡、松香或脂肪酸等和碱类起皂化或中和反应所得的脂肪酸盐，皆可称为肥皂。肥皂能溶于水，有洗涤去污作用。肥皂的种类有香皂、金属皂和液体皂等。

　　大多数的使用要求是长期保持建筑物的原有外貌。在确定要选用的不锈钢类型时，主要考虑的是所要求的审美标准、所在地大气的腐蚀性以及要采用的清理制度。

　　然而，其他应用越来越多地只是寻求结构的完整性或不透水性。例如，工业建筑的屋顶和侧墙。在这些应用中，物主的建造成本可能比审美更为重要，表面不是很干净也可以。

　　在干燥的室内环境中使用 304 不锈钢效果相当好。但是，在乡村和城市，不锈钢要想在户外保持其外观，就需经常进行清洗。在污染严重的工业区和沿海地区，不锈钢表面会非常脏，甚至产生锈蚀。但要获得户外环境中的审美效果，就需采用含镍不锈钢。所以 304 不锈钢广泛用于幕墙、侧墙、屋顶及其他建筑用途，但在侵蚀性严重的工业或海洋大气中，最好采用 316 不锈钢。

　　现在，人们已充分认识到了在结构应用中使用不锈钢的优越性。有几种设计准则中包括了 304 和 316 不锈钢。因为双相不锈钢 2205 已把良好的耐大气腐蚀性能和高抗拉强度及弹限强度融为一体，所以欧洲准则中也包括了这种钢。

➡️ 奇妙的泡沫金属

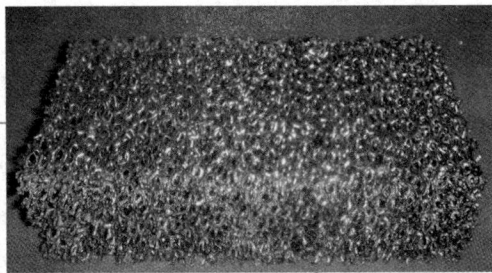

奇妙的泡沫金属

泡沫金属就是含有泡沫状气孔的金属材料。与一般烧结多孔金属相比，泡沫金属的气孔率更高，孔径尺寸较大，可达 7 毫米。由于泡沫金属是由金属基体骨架连续相和气孔分散相（或气孔连续相）组成的两相复合材料，因此其性质取决于所用金属基体、气孔率和气孔结构，并受制备工艺的影响。通常，泡沫金属的力学性能随气孔率的增加而降低，其导电性、导热性也相应呈指数关系降低。当泡沫金属承受压力时，由于气孔塌陷导致的受力面积增加和材料应变硬化效应，使得泡沫金属具有优异的冲击能量吸收特性。

新材料是当今高技术发展的关键。泡沫金属作为一种新型功能材料，由于其具有孔隙率高、密度小、比表面积大等特征，使得其在导电性、吸音、减震、能量吸收、导热及电磁屏蔽等方面具有较好的性能，从而在能源、通信、化工、冶金、机械、建筑、交通，甚至航空航天等领域中有着广泛的应用前景。

在历史的进程中，人们很早就使用了木材、砖头等泡沫材料，但是对泡沫金属却显得有些

广角镜

汞

汞是一种有毒的银白色一价和二价重金属元素，俗称"水银"，元素符号 Hg。它是常温下唯一的液体金属，游离存在于自然界并存在于朱砂、甘汞及其他几种矿物中。常常用焙烧朱砂和冷凝汞蒸气的方法制取汞，它主要用于科学仪器（电学仪器、控制设备、温度计、气压计）及汞锅炉、汞泵和汞气灯中。

陌生。泡沫金属的发明至今只有50多年的历史。1948年，有人最早提出了利用汞在铝中汽化而制取泡沫铝的想法；后来科学家们发展了这一想法，并在1956年成功地制造出了泡沫铝。由于泡沫金属特殊的结构、性能和广泛的用途，吸引了来自日本、美国、前苏联和西欧各国众多研究者及政府的日益关注，并取得了较大的发展。

◎ 泡沫金属的用途

泡沫金属有着广泛的用途，下面仅从几个主要方面就其用途作一简单的说明：

1. 电极材料。高孔隙率的泡沫金属（如泡沫镍等）在用作二次电池电极材料时表现出了较高的性能，比表面积大，过电压低，气液分离性高，使得电池的比功率、比容量有了较大的提高，同时可以满足快速充电的要求。

2. 催化剂。催化剂在化学反应尤其是有机合成反应中起着极重要的作用，某些金属泡沫体比表面积大是其成为催化剂的重要条件之一。由于泡沫镍有着较大的空隙率，比表面积较大，使得其可以作为催化剂或催化剂的载体，在催化反应中表现出若干优于多孔陶瓷催化剂的载体的性能。

3. 机械缓冲材料。由于泡沫金属特有的多孔结构，使得它在震动或碰撞时能够吸收能量，因而用作机械缓冲材料；同时，其优异的减震性能使得它也可能用作火箭和喷气式发动机的保护材料。

4. 消音材料。在需要消音的场合使用泡沫金属，可以在

拓展思考

催化剂只是加速反应的吗？

在化学反应里能改变（加快或减慢）其他物质的化学反应速率，而本身的质量和化学性质在反应前后（反应过程中会改变）都没有发生变化的物质叫作催化剂，又叫触媒。催化剂的物理性质可能会发生改变，例如二氧化锰在催化氯酸钾生成氯化钾和氧气的反应前后由块状变为粉末状。

声音通过它时发生散射、干涉等现象，使得声音能部分被吸收。大大地降低了噪声对人体造成的损害。

5. 过滤材料。把泡沫金属加工成一定的形状，就可以用作过滤介质，从废水、溶液、石油等流体中过滤取出悬浮物或固体等杂质。泡沫金属特别适用于高温过滤材料。

◎ 泡沫金属开发的意义

泡沫金属以其独特的结构而具有许多优异的性能，已经被广泛地应用于航天、航空、运输、环保、能源、生物等各种高科技领域以及一般工业领域，应用的需要也正是对这种新型材料开发的意义。

1. 利用优异的热物理性能。泡沫金属具有很大的比表面积，通孔泡沫金属可以用来制作热交换器及散热器；闭孔泡沫金属可用作绝热材料。

2. 利用吸收冲击功特性。用于制造缓冲器、吸震器是泡沫金属的重要用途之一。它的应用从汽车的防冲挡板直至宇宙飞船起落架，此外已成功地用于升降机、传送器安全垫、高速磨床防护罩吸能内衬。

3. 利用透过性能。利用泡沫金属的透过性能，可将其作为制备过滤器的重要材料。由于它与粉末冶金多孔性金属相比，有孔径大、孔隙率高的特点，用它制作的过滤器应用范围较广，如滤掉液体、气体中的固体颗粒等。

4. 利用声学及电磁性能。利用泡沫金属的吸音性能，主要用于消音降噪方面，如用于蒸汽发电厂、气动工具、小汽车等的衰减消音器。日本在高速列车配电室、播音室及新干线吸音等方面开始应用泡沫金属。

5. 其他用途。泡沫金属还可用于建筑业，如建筑物内外装饰件、幕墙、内墙壁等；也可作计算机台架、各种包装箱等。利用泡沫金属的耐火性，可以用于建筑等工业上的耐火材料或通过对其孔洞进行处理，用于阻燃材料等。在化工方面，可用它作为催化剂的载体。另外泡沫金属还可以作多孔电极。有些泡沫金属对高频电磁波有很高的屏蔽系数，已被用于制作电子仪器外壳和构建电磁屏蔽室等。

21 世纪的能源库——贮氢材料

氢是一种热值很高的燃料。燃烧 1 千克氢可放出 62.8 千焦的热量，1 千克氢可以代替 3 千克煤油。氢氧结合的燃烧产物是最干净的物质——水，没有任何污染。氢的来源非常丰富，若能从水中制取氢，则可谓取之不尽，用之不竭。

氢能的利用，主要包括两个方面：一是制氢工艺；二是贮氢方法。

传统贮氢方法有两种：一种方法是利用高压钢瓶（氢气瓶）来贮存氢气，但钢瓶贮存氢气的容积小，瓶里的氢气即使加压到 150 个大气压，所装氢气的质量也不到氢气瓶质量的 1%，而且还有爆炸的危险；另一种方法是贮存液态氢，将气态氢降温到 –253℃ 变为液体进行贮存，但液体贮存箱非常庞大，需要极好的绝热装置来隔热，才能防止液态氢不会沸腾汽化。近年来，一种新型简便的贮氢方法应运而生，即利用贮氢合金（金属氢化物）来贮存氢气。

◎ 贮氢合金

研究证明，某些金属具有很强的捕捉氢的能力，在一定的温度和压力条件下，这些金属能够大量"吸收"氢气，反应生成金属氢化物，同时放出热量。其后，将这些金属氢化物加热，它们又会分解，将贮存在其中的氢释放出来。这些会"吸收"氢气的金属，称为贮氢合金。

贮氢合金的贮氢能力很强，单位体积贮氢的密度是相同温度、压力条件下气态氢的 1000 倍，即相当于贮存了 1000 个大气压的高压氢气。

基本小知识

气 压

气压的国际单位制是帕斯卡（或简称帕，符号是 Pa），来源是大气层中空气的重力，即为单位面积上的大气压力。在气象学中人们一般用千帕或百帕作为单位。测量气压的仪器叫气压表。在海平面的平均气压约为 101.325 千帕，这个值也被称为标准大气压。

　　由于贮氢合金都是固体，既不使用贮存高压氢气所需的大而笨重的钢瓶，又不需存放液态氢那样极低的温度条件，需要贮氢时使贮氢合金与氢反应生成金属氢化物并放出热量，需要用氢时通过加热或减压使贮存于其中的氢释放出来，如同蓄电池的充、

贮氢合金具有很强的捕捉氢的能力

放电，因此贮氢合金不愧是一种极其简便易行的理想贮氢方法。

　　目前研究发展中的贮氢合金，主要有钛系贮氢合金、锆系贮氢合金、铁系贮氢合金及稀土系贮氢合金。

　　贮氢合金不光有贮氢的本领，而且还有将贮氢过程中的化学能转换成机械能或热能的能量转换功能。贮氢合金在吸氢时放热，在放氢时吸热，利用这种放热－吸热循环，可进行热的贮存和传输，制造制冷或采暖设备。

　　贮氢合金还可以用于提纯和回收氢气，它可将氢气提纯到很高的纯度。例如，采用贮氢合金，可以以很低的成本获得纯度高于99.9999%的超纯氢。

◎贮氢合金的应用

　　贮氢合金以其高超的本领在许多方面得到应用，成为人们贮存和利用氢气的得力帮手，并将获得进一步发展。

　　人们利用贮氢合金在吸氢时放热，而放氢时又要以吸收热量的本领进行蓄热制冷。例如，镧镍贮氢合金在吸氢时放出的热约为210千焦/千克，而金属镁在吸氢时放出的热高达3182千焦/千克，其能量是非常大的。利用贮氢材料的这种特性，就可进行蓄热制冷。

　　利用贮氢合金蓄热的原理与蓄电池相似。例如，将工厂低温排放的热量或太阳能作用于贮氢合金上，它在吸热时放出氢，所放出的氢贮存在氢气瓶里；而当人们需要热水时，只要给氢气瓶加少量的压力，贮氢合金就会发生放热反应，在吸氢的同时放出热量，从而将热交换管中的水加热，供人们使用。

在吸氢放热的过程中，氢气并不消耗，它只是和贮氢合金一起组成了蓄热器。

知识小链接

蓄电池

蓄电池，又称可充电电池，是一种可以被重新完全充电的电池。蓄电池在使用的化学品及其设计上均有很多种类。尝试给非蓄电池（原电池）充电是不可取的，因为这可能引起电池爆炸。有些蓄电池若被完全放电，会很容易因发生逆向充电而损坏；还有一些则必须要定时完全放电。目前，蓄电池被广泛地应用于低功率的设备上，包括汽车启动器、各种手提设备及工具、不断电系统等。混合动力车辆及电动车辆对蓄电池的要求使这方面的技术不断改进，以求降低其成本、减轻其重量及增加其寿命。

美国、日本等国根据上述利用贮氢合金吸收太阳能装置的原理，制成了一种简单地吸收太阳能装置，并已投放市场。

日本北海道电力公司等还研制成功家用冷暖气设备，并于 1985 年正式投入使用，每小时可提供 6.28 亿焦的能量。这种利用贮氢合金热泵原理制成的冷暖气设备是这样工作的：夏天，太阳光照射在 M1 贮氢合金上，由于加热它便吸热放氢，而吸热使周围空气温度降低，所产生的冷气用来使房间降温，与此同时所分解出的氢气通过管道送入 M2 贮氢合金中，将氢贮存起来；冬天，将 M2 贮氢合金在较低温度下加热，所分解出的氢气通过管道送入 M1 贮氢合金，M1 贮氢合金便吸氢放热，所产生的热量供房间取暖。这种冷暖气设备既不使用电能和消耗燃料，又不需要复杂的设备，而且效能还很高。例如，以镧镍贮氢合金作为 M1 贮氢合金，它在 60℃ 的低温便可分解放出氢气，而作为 M2 贮氢合金的镧镍铝贮氢合金，在吸氢时由于氢化反应可产生 100℃ 以上的高温，完全可满足房间取暖的需要。

超纯氢气是现代电子工业和一些尖端技术使用的重要原料，例如用作晶体外延生长时的运载气体等。但通常精制超纯氢气的方法成本很高，现在利用贮氢合金就可生产廉价的超纯氢气。目前，不少国家都在利用贮氢合金特别是稀土镍铝和稀土镍锰贮氢合金进行精制超纯氢气的实验研究，并已取得很大进展，有的已开始商品化生产。其中如日本已用稀土镍铝贮氢合金处理含有一氧化碳、氮气、氧气等杂质的工业氢气，生产出高纯度的氢气。

利用贮氢合金放氢时所产生的压力，通过适当的动力转换装置，即可转变成有用的机械能。用贮氢合金制作的压缩机，当向装有贮氢合金填充层的压缩机内输入低压氢气时，贮氢合金便吸氢放热，将氢贮存起来，而放出的热量用通入管子的冷水吸收，然后，将热水通入管子，使贮氢合金加热，它便吸热并放出高压氢气，可用来作为驱动力。这种压缩机由于没有复杂的机械零件，所以结构简单，制造成本

广角镜

氮 气

氮气，通常情况下是一种无色无味的气体，且通常无毒。氮气占大气总量的78.12%，是空气的主要成分。氮气在常温下为气体，在标准大气压下，冷却至 -195.8℃时，变成没有颜色的液体，冷却至 -209.86℃时，液态氮变成雪状的固体。氮气的化学性质很稳定，常温下很难跟其他物质发生反应，但在高温、高能量条件下可与某些物质发生化学变化，用来制取对人类有用的新物质。

低，而且工作中不产生噪音，也不会发生机械故障。用贮氢合金制成的小型驱动器，因为氢气有缓冲作用，所以耐冲击和过负载，而且重量轻，无噪声，能产生相当大的驱动力。美国、日本等国已利用贮氢合金制作机器人的驱动装置，既灵敏可靠又轻便。

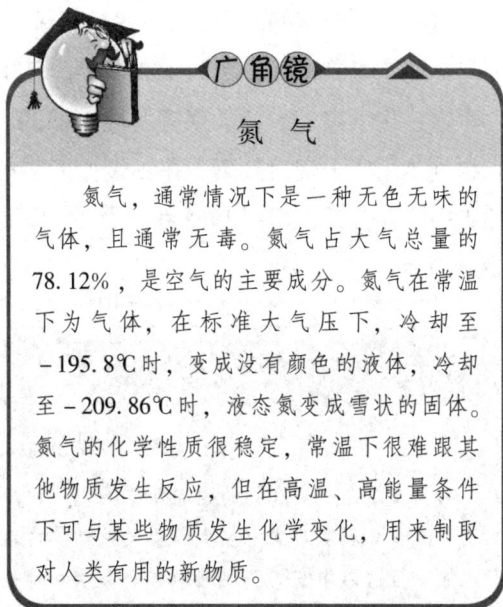

➡️ 稀土金属的秘密

稀土一词是历史遗留下来的名称。稀土元素是从 18 世纪末开始陆续被发现的，当时人们常把不溶于水的固体氧化物称为土。稀土一般是以氧化物状态分离出来的，又很稀少，因而得名为稀土。通常把镧、铈、镨、钕、钷、钐、铕称为轻稀土或铈组稀土；把钆、铽、镝、钬、铒、铥、镱、镥、钇称为重稀土或钇组稀土。也有的根据稀土元素物理化学性质的相似性和差异性，除钪之外

(有的将钪划归稀散元素),划分成三组,即轻稀土组为镧、铈、镨、钕、钷;中稀土组为钐、铕、钆、铽、镝;重稀土组为钬、铒、铥、镱、镥、钇。

这些稀土元素的发现,从 1794 年芬兰人加多林分离出钇到 1947 年美国人马林斯基等制得钷,历时 150 多年。其中大部分稀土元素是欧洲的一些矿物学家、化学家、冶金学家等发现制取的。钷是美国人马林斯基、格兰德宁和科列尔用离子交换分离,在铀裂变产物的稀土元素中获得的。过去认为自然界中不存在钷,直到 1965 年,芬兰一家磷酸盐工厂在处理磷灰石时发现了少量的钷。

知识小链接

磷灰石

磷灰石是一类含钙的磷酸盐矿物的总称,有三种生成方式,分别生成于火成岩、沉积岩和变质岩中,生成于火成岩中的为内生磷灰石,一般作为副产物在基性或碱性岩石中富集;在沉积岩中为外生磷灰石,是由生物沉积或生物化学沉积形成的,一般为结核状;在变质岩中生成的磷灰石是经区域变质生成的。磷灰石是提取磷和制造农用磷肥的重要原料,颜色好、结晶好的磷灰石可作为宝石或装饰材料。伴生元素多的磷灰石可以综合利用。

大多数稀土金属呈现顺磁性。钆在0℃时比铁具更强的铁磁性。铽、镝、钬、铒等在低温下也呈现铁磁性,镧、铈的低熔点和钐、铕、镱的高蒸气压表现出稀土金属的物理性质有极大差异。钐、铕、钇的热中子吸收截面比广泛用于核反应堆控制材料的镉、硼还大。稀土金属具有可塑性,以钐和镱为最好。除镱外,钇组稀土较铈组稀土具有更高的硬度。

稀土金属

稀土金属已广泛应用于电子、石油化工、冶金、机械、能源、轻工、环境保护、农业等领域。应用稀土可生产荧光材料、稀土金属氢化物电池材料、电光源材料、永磁材料、贮氢材料、催化材料、精密陶瓷材料、激光材料、超导材料、磁致伸缩材料、磁光存储材料、光导纤维材料等。

我国拥有丰富的稀土矿产资源，成矿条件优越，堪称得天独厚，探明的储量居世界之首，为发展我国稀土工业提供了坚实的基础。

稀散金属通常是指由镓（Ga）、铟（In）、铊（Tl）、锗（Ge）、硒（Se）、碲（Te）和铼（Re）7个元素组成的一组化学元素。但也有人将铷、铪、钪、钒和镉等包括在内。这7个元素从1782年发现碲以来，直到1925年发现铼才被全部发现。这一组元素之所以被称为稀散金属，一是因为它们之间的物理及化学性质等相似，划为一组；二是由于它们常以类质同象形式存在于有关的矿物当中，难以形成

广角镜

钒

钒，元素符号V，银白色金属，在元素周期表中属VB族，原子序数23，原子量50.9414，体心立方晶体，常见化合价为+5、+4、+3、+2。钒的熔点很高，常与铌、钽、钨、钼并称为难熔金属。钒有延展性，质坚硬，无磁性，具有耐盐酸和硫酸的本领，于空气中不被氧化，可溶于氢氟酸、硝酸和王水。

独立的具有单独开采价值的稀散金属矿床（在四川省石棉县曾发现一处以碲为主的碲铋矿床）；三是它们在地壳中平均含量较低，以稀少分散状态伴生在其他矿物之中，只能随开采主金属矿床时在选冶中加以综合回收，综合利用。

稀散金属具有极为重要的用途，是当代高科技新材料的重要组成部分。由稀散金属与有色金属组成的一系列化合物半导体、电子光学材料、特殊合金、新型功能材料及有机金属化合物等，均需使用独特性能的稀散金属，用量虽说不大，但至关重要，缺它不可。因而被广泛用于当代通信技术、电子计算机、宇航开发、医药卫生、感光材料、光电材料、能源材料和催化剂材料等。我国稀散金属矿产丰富，为发展稀散金属工业提供了较好的资源条件。

金属的疲劳与断裂

◎ 金属材料的疲劳断裂

机械零件和工程构件，是承受交变载荷工作的。在交变载荷的作用下，虽然应力水平低于材料的屈服极限，但经过长时间的应力反复循环作用，也会发生突然脆性断裂，这种现象叫作金属材料的疲劳。

金属材料疲劳断裂的特点是：

1. 载荷应力是交变的。

2. 载荷的作用时间较长。

3. 断裂是瞬时发生的。

4. 无论是塑性材料还是脆性材料，在疲劳断裂区都是脆性的。

疲劳断裂是工程上最常见、最危险的断裂形式。金属材料的疲劳现象，按条件不同可分为下列几种：

1. 高周疲劳，指在低应力（工作应力低于材料的屈服极限，甚至低于弹性极限）条件下，应力循环周数在100000以上的疲劳。它是最常见的一种疲劳破坏。

2. 低周疲劳，指在高应力（工作应力接近材料的屈服极限）或高应变条件下，应力循环周数在10000～100000的疲劳。交变的塑性应变在这种疲劳破坏中起主要作用，因而，也称为塑性疲劳或应变疲劳。

3. 热疲劳，指温度变化所产生的热应力的反复作用所造成的疲劳破坏。

4. 腐蚀疲劳，指机器部件在交变载荷和腐蚀介质（如酸、碱、海水、活性气体等）的共同作用下所产生的疲劳破坏。

5. 接触疲劳，这是指机器零件的接触表面在接触应力的反复作用下，出现麻点剥落或表面压碎剥落现象，从而造成机件失效破坏。

◎ 金属疲劳断裂产生的破坏作用与用处

为什么金属疲劳时会产生破坏作用呢？这是因为金属内部结构并不均匀，从而造成应力传递的不平衡，有的地方会成为应力集中区。与此同时，金属内部的缺陷处还存在许多微小的裂纹。在力的持续作用下，裂纹会越来越大，材料中能够传递应力部分

由于金属疲劳而产生的弯裂

越来越少，直至剩余部分不能继续传递负载时，金属构件就会全部毁坏。

早在100多年以前，人们就发现了金属疲劳给各个方面带来的损害。但由于技术的落后，还不能查明疲劳破坏的原因。直到显微镜和电子显微镜相继出现之后，使人类在揭开金属疲劳秘密的道路上不断取得新的成果，并且有了巧妙的办法来对付这个大敌。

基本小知识

显微镜

显微镜是由一个透镜或几个透镜的组合构成的一种光学仪器，是人类进入原子时代的标志。它主要用于放大微小物体使人的肉眼所能看到的仪器。显微镜分光学显微镜和电子显微镜。光学显微镜是在1590年由荷兰的杨森父子所发明的。现在的光学显微镜可把物体放大1600倍，分辨的最小极限达0.1微米，国内显微镜机械筒长度一般是160毫米。电子显微镜是根据电子光学原理，用电子束和电子透镜代替光束和光学透镜使物质细微结构成倍放大的仪器。

在金属材料中添加各种"维生素"是增强金属抗疲劳的有效办法。例如，在钢铁和有色金属里，加进万分之几或千万分之几的稀土元素，就可以大大提高这些金属抗疲劳的本领，延长使用寿命。随着科学技术的发展，现已出

现"金属免疫疗法"新技术，通过事先引入的办法来增强金属的疲劳强度，以抵抗疲劳损坏。此外，在金属构件上，应尽量减少薄弱环节，还可以用一些辅助性工艺增加表面光洁度，以免发生锈蚀。对产生震动的机械设备要采取防震措施，以减少金属疲劳的可能性。在必要的时候，要进行对金属内部结构的检测，对防止金属疲劳也很有好处。

金属疲劳所产生的裂纹会给人类带来灾难。然而，也有另外的妙用。现在，利用金属疲劳断裂特性制造的应力断料机已经诞生。可以对各种性能的金属和非金属在某一切口产生疲劳断裂进行加工。这个过程只需要1~2秒钟的时间，而且，越是难以切削的材料，越容易通过这种加工来满足人们的需要。

金属的腐蚀与防护

金属有许多优良的性质，例如导电性、导热性、强度、韧性、可塑性、耐磨性、可铸造性等。金属材料至今依然是最重要的结构材料，被广泛应用于生产、生活和科技工作的各个方面。金属制品在生产和使用的过程中，受到各种损坏，例如，机械磨损、生物性破坏、腐蚀等。

金属的腐蚀是金属在环境的作用下所引起的破坏或变质。金属的腐蚀还有其他的表述。所谓环境是指和金属接触的物质，例如自然存在的大气、海水、淡水、土壤等以及生产生活用的原材料和产品。这些物质和金属发生化学作用或电化学作用引起金属的腐蚀，在许多功能情况下还同时存在机械力、射线、电流、生物等的作用。金属发生腐蚀的部分，由单质变成化合物，致使生锈、开裂、穿孔、变脆等。因此，在绝大多数的情况下，金属腐蚀的过程是冶金的逆过程。

◎ 金属腐蚀的分类

金属腐蚀有两种分类方法：

1. 按腐蚀的过程分，主要有化学腐蚀和电化学腐蚀。化学腐蚀是金属和环境介质直接发生化学作用而产生的损坏，在腐蚀过程中没有电流产生。例如金属在高温的空气中或氯气中的腐蚀、非电解质对金属的腐蚀等。引起金属化学腐蚀的介质不能导电。电化学腐蚀是金属在电解质溶液中发生电化学作用而引起的损坏，在腐蚀过程中有电流产生。引起电化学腐蚀的介质都能导电。例如，金属在酸、碱、盐、土壤、海水等介质中的腐蚀。电化学腐蚀与化学腐蚀的主要区别在于它可以分解为两个相互独立而又同时进行的阴极过程和阳极过程，而化学腐蚀没有这个特点。电化学腐蚀比化学腐蚀更为常见和普遍。

基本小知识

土　壤

土壤是由一层层厚度各异的矿物质成分所组成的疏松物质层。土壤和母质层的区别表现在形态、物理特性、化学特性以及矿物学特性等方面。由于地壳、水蒸气、大气和生物圈的相互作用，土层有别于母质层。它是矿物和有机物的混合组成部分，存在着固体、气体和液体状态。疏松的土壤微粒组合起来，形成充满间隙的土壤的形式。这些孔隙中含有溶解溶液和空气。因此，土壤通常被视为有多种状态。

2. 按金属腐蚀破坏的形态和腐蚀区的分布分为全面腐蚀和局部腐蚀。全面腐蚀是指腐蚀分布于整个金属的表面。全面腐蚀有各处的腐蚀程度相同的均匀腐蚀；也有不同腐蚀区腐蚀程度不同的非均匀腐蚀。在用酸洗液清洗钢铁、铝设备时发生的腐蚀一般属于均匀腐蚀。而腐蚀主要集中在金属表面的某些区域称为局部腐蚀。尽管此种腐蚀的腐蚀量不大，但是由于其局部腐蚀速度很快，可造成设备的严重破坏，甚至爆炸，因此，其危害更大。金属在不同的环境条件下可以发生不同的局部腐蚀，例如孔蚀、缝隙腐蚀、应力腐蚀、晶间腐蚀、磨损腐蚀等。还有按腐蚀的环境条件把腐蚀分为高温腐蚀和常温腐蚀；干腐蚀和湿腐蚀等。

◎ 金属腐蚀的防护

当金属和周围介质接触时，由于发生化学和电化学作用而引起的破坏叫作金属的腐蚀。从热力学观点看，除少数贵金属（如金、铂）外，各种金属都有转变成离子的趋势，就是说金属腐蚀是自发的普遍存在的现象。金属被腐蚀后，在外形、色泽以及机械性能方面都将发生变化，造成设备破坏、管道泄漏、产品污染，酿成燃烧或爆炸等恶性事故以及资源和能源的严重浪费，使国民经济受到巨大的损失。据估计，世界各发达国家每年因金属腐蚀而造成的经济损失占其国民生产总值的 3.5% ~ 4.2%，超过每年各项大灾（火灾、风灾及地震等）损失的总和。有人甚至估计每年全世界腐蚀报废和损耗的金属约为 1 亿吨！因此，研究腐蚀机理，采取防护措施，对经济建设有着十分重大的意义。

金属防腐蚀的方法很多，主要有改善金属的本质、形成保护层、改善腐蚀环境以及电化学保护等。

改善金属的本质。根据不同的用途选择不同的材料组成耐蚀合金或在金属中添加合金元素，提高其耐蚀性，可以防止或减缓金属的腐蚀。例如，在钢中加入镍制成不锈钢可以增强防腐蚀能力。

形成保护层。在金属表面覆盖各种保护层，把被保护金属与腐蚀性介质隔开，是防止金属腐蚀的有效方法。工业上普遍使用的保护层有非金属保护层和金属保护层两大类。它们是用化学方法、物理方法和电化学方法实现的。

1. 金属的磷化处理。钢铁制品去油、除锈后，放入特定的磷酸盐溶液中浸泡，即可在金属表面形成一层不溶于水的磷酸盐薄膜，这种过程叫作磷化处理。

磷化膜呈暗灰色至黑灰色，厚度一般为 5 ~ 20 微米，在大气中有较好的耐蚀性。磷化膜是微孔结构，对油漆等的吸附能力强，如用作油漆底层，耐腐蚀性可进一步提高。

2. 金属的氧化处理。将钢铁制品加到混合溶液中，加热处理，其表面即可形成一层厚度为 0.5 ~ 1.5 微米的蓝色氧化膜（主要成分为四氧化三铁），以达到钢铁防腐蚀的目的，此过程称为发蓝处理，简称发蓝。这种氧化膜具有较大的弹性和润滑性，不影响零件的精度。故精密仪器的部件，弹簧钢、薄钢片、细钢丝等常用发蓝处理。

3. 非金属涂层。用非金属物质如油漆、塑料、搪瓷、矿物性油脂等涂覆在金属表面上形成保护层，称为非金属涂层，也可达到防腐蚀的目的。例如，船身、车厢、水桶等常涂油漆，汽车外壳常喷漆，枪炮、机器常涂矿物性油脂等。用塑料（如聚乙烯、聚氯乙烯、聚氨酯等）喷涂金属表面，比喷漆效果更佳。塑料这种覆盖层致密光洁、色泽艳丽，兼具防蚀与装饰的双重功能。

知识小链接

聚乙烯

聚乙烯，简称PE，是乙烯经聚合制得的一种热塑性树脂。在工业上，也包括乙烯与少量 α – 烯烃的共聚物。聚乙烯无毒，手感似蜡，具有优良的耐低温性能（最低使用温度可达 $-100 \sim -70℃$）、化学稳定性好、能耐大多数酸碱的侵蚀（不耐具有氧化性质的酸）、常温下不溶于一般溶剂、吸水性小、电绝缘性能优良。

搪瓷是含硅量较高的玻璃瓷釉，有极好的耐腐蚀性能，因此作为耐腐蚀非金属涂层，被广泛用于石油化工、医药、仪器等工业部门和日常生活用品中。

4. 金属保护层。它是以一种金属镀在被保护的另一种金属制品表面上所形成的保护镀层。前一金属常称为镀层金属。金属镀层的形成，除电镀、化学镀外，还有热浸镀、热喷镀、渗镀、真空镀等方法。

热浸镀是将金属制件浸入熔融的金属中以获得金属涂层的方法，作为浸涂层的金属是低熔点金属，如锌、锡、铅和铝等，热镀锌主要用于钢管、钢板、钢带和钢丝，应用最广；热镀锡用于薄钢板和食品加工等的贮存容器；热镀铅主要用于化工防蚀和包覆电缆；热镀铝则主要用于钢铁零件的抗高温氧化等。

改善腐蚀环境。改善环境对减少和防止腐蚀有重要意义。例如，减少腐蚀介质的浓度，除去介质中的氧，控制环境温度、湿度等都可以减少和防止金属腐蚀。也可以采用在腐蚀介质中添加能降低腐蚀速率的物质（称缓蚀剂）来减少和防止金属腐蚀。

电化学保护法。电化学保护法是根据电化学原理在金属设备上采取措施，使之成为腐蚀电池中的阴极，从而防止或减轻金属腐蚀的方法。

1. 牺牲阳极保护法。牺牲阳极保护法是用电极电势比被保护金属更低的金属或合金做阳极，固定在被保护金属上，形成腐蚀电池，被保护金属作为阴极而得到保护。

基本小知识

电 极

在电池中，电极一般指与电解质溶液发生氧化还原反应的位置。

电极有正负之分，一般正极为阴极，获得电子，发生还原反应，负极则为阳极，失去电子发生氧化反应。电极可以是金属或非金属，只要能够与电解质溶液交换电子，即可成为电极。在电化学分析中，电极是将溶液浓度转换成电信号的一种传感器。

牺牲阳极一般常用的材料有铝、锌及其合金。此法常用于保护海轮外壳，海水中的各种金属设备、构件和防止巨型设备（如贮油罐）以及石油管路的腐蚀。

2. 外加电流法。将被保护金属与另一附加电极作为电解池的两个极，使被保护的金属作为阴极，在外加直流电的作用下使阴极得到保护。此法主要用于防止土壤、海水及河水中金属设备的腐蚀。

金属的腐蚀虽然给生产带来很大危害，但也可以利用腐蚀的原理为生产服务，发展腐蚀加工技术。例如，在电子工业上，广泛采用印刷电路。其制作方法及原理是用照相复印的方法将线路印在铜箔上，然后将图形以外不受感光胶保护的铜用三氯化铁溶液腐蚀，就可以得到线条清晰的印刷电路板。此外，还有电化学刻蚀、等离子体刻蚀新技术，比用三氯化铁腐蚀铜的湿法化学刻蚀的方法更好，分辨率更高。

无机非金属材料

　　无机非金属材料是以某些元素的氧化物、碳化物、氮化物、卤素化合物、硼化物以及硅酸盐、铝酸盐、磷酸盐、硼酸盐等物质组成的材料。它是除有机高分子材料和金属材料以外的所有材料的统称。无机非金属材料的提法是 20 世纪 40 年代以后，随着现代科学技术的发展从传统的硅酸盐材料演变而来的。无机非金属材料是与有机高分子材料和金属材料并列的三大材料之一。

什么是无机非金属材料

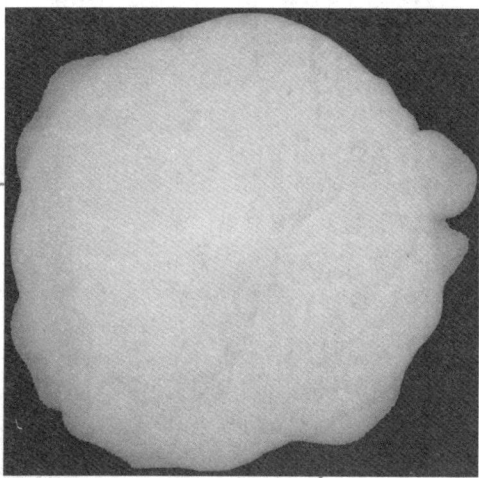

超轻质无机非金属材料

无机非金属材料是以某些元素的氧化物、碳化物、氮化物、卤素化合物、硼化物以及硅酸盐、铝酸盐、磷酸盐、硼酸盐等物质组成的材料，是除有机高分子材料和金属材料以外的所有材料的统称。无机非金属材料的提法是20世纪40年代以后，随着现代科学技术的发展从传统的硅酸盐材料演变而来的。无机非金属材料是与有机高分子材料和金属材料并列的三大材料之一。

在晶体结构上，无机非金属的晶体结构远比金属复杂，并且没有自由的电子。具有比金属键和纯共价键更强的离子键和混合键。这种化学键所特有的高键能赋予这一大类材料高熔点、高硬度、耐腐蚀、耐磨损、高强度和良好的抗氧化性等基本属性以及宽广的导电性、隔热性、透光性及良好的铁电性、铁磁性和压电性。

无机非金属材料的品种和名目极其繁多，用途各异，因此，还没有一个统一而完善的分类方法。通常把它们分为普通的（传统的）和先进的（新型的）无机非金属材料两大类。传统的无机非金属材料是工业和基本建设所必需的基础材料。如水泥是一种重要的建筑材料；耐火材料与高温技术，尤其与钢铁工业的发展关系密切；各种规格的平板玻璃、仪器玻璃和普通的光学玻璃以及日用陶瓷、卫生陶瓷、建筑陶瓷、化工陶瓷和电瓷等与人们的生产、生活息息相关。它们产量大，用途广。其他产品，如搪瓷、磨料（碳化硅、氧化铝）、铸石（辉绿岩、玄武岩等）、碳素材料、非金属矿（石棉、云母、大理石等）也都属于传统的无机非金属材料。

新型无机非金属材料是 20 世纪中期以后发展起来的、具有特殊性能和用途的材料。它们是现代新技术、新产业、传统工业技术改造、现代国防和生物医学所不可缺少的物质基础。它主要有先进陶瓷、非晶态材料、人工晶体、无机涂层、无机纤维等。

拓展阅读

玄武岩

玄武岩是一种地下岩浆从火山中喷出或从地表裂隙中溢出凝结形成的火成岩。玄武岩的主要成分是硅铝酸钠或硅铝酸钙，二氧化硅的含量为 45% ~ 52%，还含有较高的氧化铁和氧化镁，是一种细粒致密的黑色岩石。由于喷发时产生大量气孔，玄武岩有时是大孔如杏仁状构造，后来中间常被其他矿物充填。玄武岩岩浆的黏度小，易于流动，形成很大的覆盖层，常形成广大的熔岩台地，所以分布很广。

绝缘材料

绝缘材料是电阻率为 10^9 ~ 10^{22} 欧·厘米的物质所构成的材料，又称电介质，简单地说就是使带电体与其他部分隔离的材料。绝缘材料对直流电流有非常大的阻力，在直流电压作用下，除了有极微小的表面泄漏电流外，实际上几乎是不导电的，而对于交流电流则有电容电流通过，但也认为是不导电的。绝缘材料的电阻率越大，绝缘性能越好。

绝缘材料用于隔绝不同电位的导电体。不同的电工产品中，根据需要，绝缘材料往往还起着储能、散热、冷却、灭弧、防潮、防霉、防腐蚀、防辐照、机械支承和固定、保护导体等作用。

绝缘材料亦称电介质

◎ 绝缘材料的分类和性能

绝缘材料种类很多，可分气体、液体、固体三大类。常用的气体绝缘材料有空气、氮气、六氟化硫等。液体绝缘材料主要有矿物绝缘油、合成绝缘油（硅油、十二烷基苯、聚异丁烯、异丙基联苯、二芳基乙烷等）两类。固体绝缘材料可分有机、无机两类。有机固体绝缘材料包括绝缘漆、绝缘胶、绝缘纸、绝缘纤维制品、塑料、橡胶、电工用薄膜、复合制品和粘带、电工用层压制品等。无机固体绝缘材料主要有云母、玻璃、陶瓷及其制品。相比之下，固体绝缘材料品种更加多样，也最为重要。

不同的电工设备对绝缘材料性能的要求各有侧重。高压电工装置如高压电机、高压电缆等用的绝缘材料要求有高的击穿强度和低的介质损耗。低压电器则以机械强度、断裂伸长率、耐热等级等作为主要要求。

绝缘材料的宏观性能如电性能、热性能、力学性能、耐化学药品、耐气候变化、耐腐蚀等性能与它的化学组成、分子结构等有密切关系。无机固体绝缘材料主要是由硅、硼及多种金属氧化物组成，以离子型结构为主，主要特点为耐热性高，工作温度一般高于180℃，稳定性好，耐大气老化性、耐化学药品性及长期在电场作用下的耐老化性能好；但脆性高，耐冲击强度低，耐压高而抗张强度低；工艺性差。有机材料一般为聚合物，平均分子量在$10^4 \sim 10^6$之间，其耐热性通常低于无机材料。

影响绝缘材料介电性能的重要因素是分子极性的强弱和极性组分的含量。极性材料的介电常数、介质损耗均高于非极性材料，并且容易吸附杂质离子增加电导而降低其介电性能。故在绝缘材料制造过程中要注意清洁，防止污

◎ 绝缘材料的发展概况

最早使用的绝缘材料为棉布、丝绸、云母、橡胶等天然制品。在 20 世纪初，工业合成塑料酚醛树脂率先问世，其电性能好，耐热性高。以后又相继出现了性能更好的脲醛树脂、醇酸树脂。三氯联苯合成绝缘油的出现使电力电容器的比特性出现了一次飞跃（但因有害人体健康，后已停止使用）。同一时期，人们还合成了六氟化硫。

20 世纪 30 年代以来，人工合成绝缘材料得到了迅速发展，主要有缩醛树脂、氯丁橡胶、聚

广角镜

云母

云母是一种造岩矿物，通常呈板状、片状、柱状，颜色随化学成分的变化而异，主要随铁含量的增多而变深。云母的特性是绝缘、耐高温、有光泽、物理化学性能稳定，具有良好的隔热性、弹性和韧性。在工业上用得最多的是白云母，其次为金云母。它广泛地应用于灭火剂、电焊条、塑料、电绝缘、造纸、沥青纸、橡胶、珠光颜料等化工工业。云母也在动漫中作为人物名称出现过。

氯乙烯、丁苯橡胶、聚酰胺、三聚氰胺、聚乙烯及性能优异被称为"塑料王"的聚四氟乙烯等。这些合成材料的出现，对电工技术的发展起了重大作用。如缩醛漆包线用于电机，使其可靠性提高，而电机的体积和重量大大降低。玻璃纤维、编织带的研制成功及有机硅树脂的合成又为电机绝缘增加了 H 级这个耐热等级。

20 世纪 40 年代以后，不饱和聚酯、环氧树脂问世。粉云母纸的出现使人们摆脱了片云母资源匮乏的困境。

20 世纪 50 年代以来，以合成树脂为基的新材料得到了广泛应用，如不饱和聚酯和环氧等绝缘胶可供高压电机线圈浸渍用。聚酯系列产品在电机槽衬绝缘、漆包线及浸渍漆中使用，发展了 E 级和 B 级低压电机绝缘，使电机的体积和重量进一步下降。六氟化硫开始用于高压电器，并使之向大容量、小

型化发展。断路器的空气绝缘及变压器的油和纸绝缘部分地被六氟化硫所取代。

三聚氰胺

三聚氰胺，俗称密胺、蛋白精，是一种三嗪类含氮杂环有机化合物，被用作化工原料。它是白色单斜晶体，几乎无味，微溶于水，可溶于甲醇、甲醛、乙酸、热乙二醇、甘油、吡啶等，不溶于丙酮、醚类，对身体有害，不可用于食品加工或食品添加物。三聚氰胺是氨基氰的三聚体，由它制成的树脂加热分解时会释放出大量氮气，因此可用作阻燃剂。它也是杀虫剂环丙氨嗪在动物和植物体内的代谢产物。

20 世纪 60 年代，含杂环和芳环的耐热树脂得到了大发展，如聚酰亚胺、聚芳酰胺、聚芳砜、聚苯硫醚等属 H 级及更高耐热等级的材料。这些耐热材料的合成为以后发展 F 级、H 级电机创造了有利条件。聚丙烯薄膜在这一时期也成功地用于电力电容器。

20 世纪 70 年代以来，新材料的开发研究相对比较少，这一时期主要是对现有材料进行改进及扩大应用范围。对矿物绝缘油采用新方法精制以降低其损耗；环氧云母绝缘在提高其机械性能和实现无气隙以提高其电性能方面做了很多改进。电力电容器由纸膜复合结构向全膜结构过渡。1000 千伏级特高压电力电缆开始研究用合成纸绝缘取代传统的天然纤维纸。无公害绝缘材料自 20 世纪 70 年代以来也发展很快，如以无毒介质异丙基联苯、酯类油取代有毒介质氯化联苯，无溶剂漆的扩大应用等。随着家用电器的普及，其绝缘材料着火而导致重大火灾事故屡有发生，所以对阻燃材料的研究引起了重视。

◎绝缘材料的发展趋势

绝缘材料的研制和开发的水平是影响电工技术发展的关键之一。从今后趋势来看，要求发展耐高压、耐热绝缘，无溶剂、无公害绝缘，复合绝缘，耐腐蚀、耐水、耐油、耐深冷、耐辐射及阻燃材料，发展节能材料。重点是发展用于高压大容量发电机的环氧云母绝缘体系；中小型电机用的 F、H 级绝缘系列；高压输变电设备用的六氟化硫气态介质；取代氯化联苯的新型无毒合成介质；高性能绝缘油；合成纸复合绝缘；阻燃性橡塑材料和表面防护材料等，同时要积极加速传统电工设备用绝缘材料的更新换代。

🔍 趣谈磁性材料与磁记录技术

我们把顺磁性物质和抗磁性物质称为弱磁性物质，把铁磁性物质称为强磁性物质。通常所说的磁性材料是指强磁性物质。磁性材料按磁化后去磁的难易可分为软磁性材料和硬磁性材料。磁化后容易去掉磁性的物质叫软磁性材料，不容易去掉磁性的物质叫硬磁性材料。一般来讲，软磁性材料剩磁较小，硬磁性材料剩磁较大。

磁性材料按化学成分来分，常见的有两大类：金属磁性材料和铁氧体。铁氧体是以氧化铁为主要成分的磁性氧化物。软磁性材料的剩磁弱，容易去磁，适用于需要反复磁化的场合，

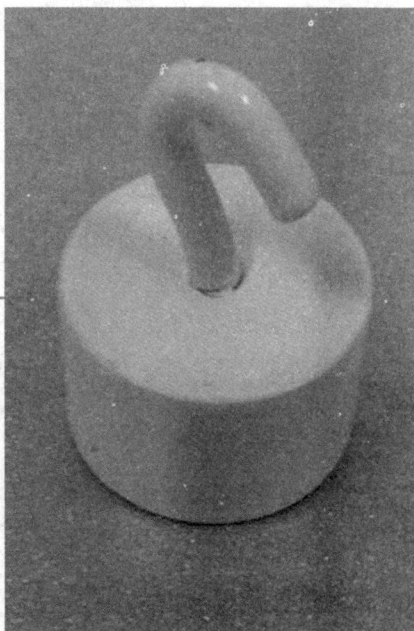

奇特的磁性材料

可以用来制造半导体收音机的天线磁棒、录音机的磁头、电子计算机中的记忆元件以及变压器、交流发电机、电磁铁和各种高频元件的铁芯等。

基本小知识

变压器

变压器是利用电磁感应的原理来改变交流电压的装置，主要构件是初级线圈、次级线圈和铁芯（磁芯）。变压器在电器设备和无线电路中，常用作升降电压、匹配阻抗、安全隔离等。在发电机中，不管是线圈运动通过磁场或磁场运动通过固定线圈，均能在线圈中感应电势，这两种情况，磁通的值均不变，但与线圈相交链的磁通数量却有变动，这是互感应的原理。变压器就是一种利用电磁互感应，变换电压、电流和阻抗的器件。

常见的金属软磁性材料有软铁、硅钢、镍铁合金等，常见的软磁铁氧体有锰锌铁氧体、镍锌铁氧体等。硬磁性材料的剩磁强，而且不易去磁，适合制成永磁铁，应用在磁电式仪表、扬声器、话筒、永磁电机等电器设备中。常见的金属硬磁性材料有碳钢、钨钢、铝镍钴合金等，常见的硬磁铁氧体为钡铁氧体和锶铁氧体。

随着社会的进步，磁性材料和我们日常生活的关系也越来越紧密。录音机上用的磁带、录像机上用的录像带、电子计算机上用的磁盘、储蓄用的信用卡等，都含有磁性材料。这些磁性材料称为磁记录材料。靠着磁记录材料，我们可以在磁带、录像带、磁盘上保存大量的信息，并在需要的时候"读"出这些信息。磁记录材料在 20 世纪 70 年代以前采用磁性氧化物。1978 年合金磁粉研制成功之后，开始采用金属磁性材料，从而大大提高了磁记录的性能。现在人们又在使用金属薄膜做磁记录材料，磁记录技术又得到了进一步的提高。

▸ 从半导体陶瓷到生物陶瓷

◎ 半导体陶瓷

半导体陶瓷的基本特征是这种陶瓷具有半导体性质。因敏感陶瓷多属半导体陶瓷或者说半导体陶瓷多半用于敏感元件，所以常将半导体陶瓷称为敏感陶瓷。

半导体陶瓷是由各种氧化物组成的，这些氧化物多数具有比较宽的禁带，在常温下是绝缘体。通过微量杂质的掺入，控制烧结气氛及陶瓷的微观结构，使之受到热激发产生导电载流子，从而使传统的绝缘体成为具有一定性能的半导体。

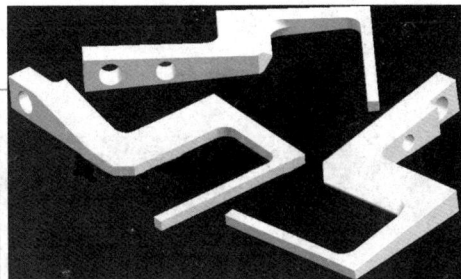

半导体陶瓷

陶瓷是由晶粒、晶界、气孔组成的多相系统，通过人为掺杂，造成晶粒表面的组分偏离，在晶粒表层产生固溶、偏析及晶格缺陷；在晶界处产生异质相的析出、杂质的聚集、晶格缺陷及晶格各向异性等。这些晶粒边界层的组成、结构变化显著改变了晶界的电性能，从而导致整个陶瓷电气性能的显著变化。

实用的半导体陶瓷可分为利用晶体本身性质的负温度系数热敏电阻、高温热敏电阻、氧化传感器、利用晶界和晶粒间析出相性质的正温度系数热敏电阻、利用表面性质的各种气体传感器、温度传感器。

敏感陶瓷

◎ 敏感陶瓷

敏感陶瓷是某些传感器中的关键材料之一，它是根据某些陶瓷的电阻率、电动势等物理量对热、湿、光、电压等变化特别敏感这一特性制作的敏感元件，按其相应特性，可分为热敏、气敏、湿敏、压敏、光敏及离子敏感陶瓷。此外还有具有压电效应的压力、速度、位置、声波敏感陶瓷，具有铁氧体性质的磁敏陶瓷及具有多种敏感特性的多功能敏感陶瓷。纳米敏感陶瓷已成为人们研究的热门课题。

半导体陶瓷的电导率因外界条件（温度、光照、电场、气氛和温度等）的变化而发生显著的变化，因此可以将外界环境的物理量变化转变为电信号，制成各种用途的敏感元件。

知识小链接

离 子

离子是指原子由于自身或外界的作用而失去或得到一个或几个电子使其达到最外层电子数为 8 个的稳定结构，这一过程称为电离。电离过程所需或放出的能量称为电离能。在化学反应中，金属元素原子失去最外层电子，非金属原子得到电子，从而使参加反应的原子或原子团带上电荷。带电荷的原子叫作离子，带正电荷的原子叫作阳离子，带负电荷的原子叫作阴离子。阴、阳离子由于静电作用而形成不带电性的化合物。

半导体陶瓷生产工艺的共同特点是必须经过半导化过程。半导化过程可通过掺杂不等价离子取代部分主晶相离子，使晶格产生缺陷，形成施主能级或受主能级，以得到 n 型或磷型的半导体陶瓷。另一种方法是控制烧成气氛、烧结温度和冷却过程。例如氧化气氛可以造成氧过剩，还原气氛可以造成氧不足，这样可使化合物的组成偏离化学计量而达到半导化。半导体陶瓷敏感材料的生产工艺简单、成本低廉、体积小、用途广泛。

压敏陶瓷指伏安特性为非线性的陶瓷，如碳化硅、氧化锌系陶瓷。它们的电阻率相对于电压是可变的，在某一临界电压下电阻值很高，超过这一临界电压则电阻急剧降低。典型产品是氧化锌压敏陶瓷，主要用于浪涌吸收、高压稳压、电压电流限制和过电压保护等方面。

热敏陶瓷，又称热敏电阻陶瓷，指电导率随温度呈明显变化的陶瓷。它有三种类型：

1. 负温系数热敏电阻（简称 NTC），如一些过渡金属（锰、铁、钴、镍等）的氧化物半导体陶瓷，特点是随着温度升高，电阻呈指数减小。

2. 正温系数热敏电阻（简称 BTC），如掺杂的钛酸钡半导体陶瓷，特点是随着温度升高电阻增大，并在居里点有剧变。

3. 剧变型热敏电阻（简称 CTR），如氧化钒及其掺杂半导体陶瓷，具有负温系数，并在某一温度，电阻产生急剧变化，变化值可达 3～4 个数量级。热敏陶瓷主要用于温度补偿、温度测量、温度控制、火灾探测、过热保护和彩色电视机消磁等方面。

光敏陶瓷指具有光电导或光生伏特效应的陶瓷，如硫化镉、碲化镉、砷化镓、磷化铟、锗酸铋等陶瓷或单晶。当光照射到它的表面时电导增加。光敏陶瓷主要用作自动控制的光开关和太阳能电池等。

气敏陶瓷指电导率随着所接触气体分子的种类不同而变化的陶瓷，如氧化锌、氧化锡、氧化铁、五氧化二钒、氧化锆、氧化镍和氧化钴等系统的陶瓷。它主要用于对不同气体进行检漏、防灾报警及测量等方面。

湿敏陶瓷指电导率随湿度呈明显变化的陶瓷，如四氧化三铁、氧化钛、氧化钾－氧化铁、铬酸镁－氧化钛及氧化锌－氧化锂－氧化钒等系的陶瓷。它们的电导率对水特别敏感，适宜用作湿度的测量和控制。

拓展阅读

光开关

光开关是指应用线性光学特性，使光路在传输过程中中断或继续，从而实现信号的开或者关。最简单的例子，是用不透光的隔板中断光线传输。在 MEMS 中，应用平面镜的微位移或角度旋转改变反射光线的光路，从而中断光的传输。在光通信中，可以采用布拉格光栅等使在光纤中传输的相应波长的光线反射回去。光开关的应用，有助于实现全光网络。在未来的光计算机中，光开关也将成为其基础单元。

近来，控制系统已经愈益系统化，需要能够检测两种或几种物理和化学参数，并给出互不干扰电信号的多功能敏感元件。适应这种需要的湿度－气体敏感陶瓷和温度－湿度敏感陶瓷等多功能敏感陶瓷正在研制中。

◎ 高温结构陶瓷

在材料中，有一类叫作结构材料的，利用其强度、硬度、韧性等机械性能能制成各种材料。金属作为结构材料，一直被广泛使用。但是，由于金属易受腐蚀，在高温时不耐氧化，不适合在高温时使用。高温结构材料的出现，弥补了金属材料的弱点。这类材料具有能经受高温、不怕氧化、耐酸碱腐蚀、硬度大、耐磨损、密度小等优点，作为高温结构材料，非常适合。

高温结构的陶瓷

1. 氧化铝陶瓷。氧化铝陶瓷（人造刚玉）是一种极有前途的高温结构材料。它的熔点很高，可做高级耐火材料，如坩埚、高温炉管等。利用氧化铝硬度大的优点，可以制造在实验室中使用的刚玉磨球机，用来研磨比它硬度小的材料。用高纯度的原料，使用先进工艺，还可以使氧化铝陶瓷变得透明，可制作高压钠灯的灯管。

基本小知识

坩 埚

坩埚是用极耐火的材料所制的器皿或熔化罐。坩埚为一陶瓷深底的碗状容器。当有固体要以大火加热时，就必须使用坩埚，因为它比玻璃器皿更能承受高温。坩埚使用时通常会将坩埚盖斜放在坩埚上，以防止受热物跳出，并让空气能自由进出以进行可能的氧化反应。坩埚因其底部很小，一般需要架在泥三角上才能以火直接加热。坩埚加热后不可立刻将其置于冷的金属桌面上，以避免它因急剧冷却而破裂。

2. 氮化硅陶瓷。氮化硅陶瓷也是一种重要的结构材料，它是一种超硬物质，密度小，本身具有润滑性，并且耐磨损，除氢氟酸外，它不与其他无机酸反应，抗腐蚀能力强，高温时能抗氧化。而且它还能抵抗冷热冲击，在空气中加热到 1000℃ 以上，急剧冷却再急剧加热，也不会碎裂。正是因为氮化硅陶瓷具有如此良好的特性，人们常常用它来制造轴承、汽轮机叶片、机械密封环、永久性模具等机械构件。

3. 氮化硼陶瓷。氮化硼是白色、难溶、耐高温的物质。通常制得的氮化硼是石墨型结构，俗称为白色石墨。另一种是金刚石型，和石墨转变为金刚石的原理类似，石墨型氮化硼在高温（1800℃）、高压（800 兆帕）下可转变为金刚石型氮化硼。这种氮化硼与金刚石性质相似，密度也和金刚石相近，它的硬度和金刚石不相上下，而耐热性比金刚石好，是新型耐高温的超硬材料，用于制作钻头、磨具和切割工具。

拓展阅读

红宝石

红宝石是指颜色呈红色、粉红色的刚玉，主要成分是氧化铝（Al_2O_3），红色来自铬（Cr）。天然红宝石大多来自亚洲（缅甸、泰国和斯里兰卡）、非洲和澳大利亚，美国蒙大拿州和南卡罗来纳州也有一点。天然红宝石非常少见，但是人造并不是太难，所以工业用红宝石都是人造的。

4. 人造宝石。红宝石和蓝宝石的主要成分都是氧化铝（刚玉）。红宝石呈现红色是由于其中混有少量含铬化合物；而蓝宝石呈蓝色则是由于其中混有少量含钛化合物。1900 年，科学家曾用氧化铝熔融后加入少量氧化铬的方法，制出了质量为 2～4 克的红宝石。现在，已经能制造出大到 10 克的红宝石和蓝宝石。

◎ 生物陶瓷

生物硬组织的代用材料有体骨、动物骨，后来发展到采用不锈钢和塑料，由于这些生物材料在生物体中使用，不锈钢存在溶析、腐蚀和疲劳问题，塑料存在稳定性差和强度低的问题。目前世界各国相继发展了生物陶瓷材料，它不仅具有不锈钢塑料所具有的特性，而且具有亲水性、能与细胞等生物组

生物陶瓷人工骨

织表现出良好的亲和性。因此生物陶瓷具有广阔的发展前景。生物陶瓷除用于测量、诊断治疗等外，主要是用作生物硬组织的代用材料。它可用于骨科、整形外科、牙科、口腔外科、心血管外科、眼外科、耳鼻喉科及普通外科等方面。

生物陶瓷作为硬组织的代用材料来说，主要分为生物惰性陶瓷材料和生物活性陶瓷材料两大类。

1. 生物惰性陶瓷材料。生物惰性陶瓷材料主要是指化学性能稳定、生物相溶性好的陶瓷材料。这类陶瓷材料的结构都比较稳定、分子中的键力较强，而且都具有较高的机械强度、耐磨性以及化学稳定性，它主要有氧化铝陶瓷、单晶陶瓷、氧化锆陶瓷、玻璃陶瓷等。

2. 生物活性陶瓷材料。生物活性陶瓷材料，又叫生物降解陶瓷材料，包括表面生物活性陶瓷材料和生物吸收性陶瓷材料。表面生物活性陶瓷材料通常含有羟基，还可做成多孔性，生物组织可长入并同其表面发生牢固的键合；生物吸收性陶瓷材料的特点是在生物体内能诱发新生骨的生长。生物活性陶瓷材料有生物活性玻璃（磷酸钙系）材料、羟基磷灰石陶瓷材料、磷酸三钙陶瓷材料等几种。

奇特的光学功能材料

光学功能材料是在力、声、热、电、磁和光等外加场作用下，其光学性质发生变化，从而出现的开关、调制、隔离、偏振等功能作用的材料。

光学功能材料按其与外场强度的相互关系，分为线性的和非线性的两种。

光学功能材料还可按材料凝聚状态分为气体、液体和固体（晶体、陶瓷、玻璃、薄膜或超晶格）等材料；按应用效应又分为激光频率转换材料、电光材料、声光材料、磁光材料和光感应双折射材料。光学功能材料具有利用光波自身强度和外加电、磁、机械场对光波的强度、频率、相位、偏振进行控制的能力，从而在现代光电子技术中广泛用于实现激光频率转换，改善激光器的脉宽、模式，进行多种光学信息处理等。

拓展阅读

双折射

光在非均质体中传播时，其传播速度和折射率值随振动方向不同而改变，其折射率值不止一个。双折射就是指光束放射到各向异性的晶体，分解为两束光而沿不同方向折射的现象。它们为振动方向互相垂直，传播速度不同，折射率不等的两种偏振光。

🔹 抵抗高温的材料——耐火材料

耐火材料是指耐火度高于1580℃的无机非金属材料。耐火度指耐火材料锥形体试样在没有荷重情况下，抵抗高温作用而不软化熔倒的温度。耐火材料与高温技术相伴出现，大致起源于青铜器时代中期。中国东汉时期已用黏土质耐火材料制作烧瓷器的窑材和匣钵。20世纪初，耐火材料向高纯、高致密和超高温制品方向发展，同时出现了完全不需烧成、能耗小的不定形耐火材料和耐火纤维。现代，随着原子能技术、空间

抗高温的耐火材料

技术、新能源技术的发展，具有耐高温、抗腐蚀、抗热振、耐冲刷等综合优良性能的耐火材料得到了应用。

基本小知识

黏 土

　　黏土是一种重要的矿物原料，由多种水合硅酸盐和一定量的氧化铝、碱金属氧化物和碱土金属氧化物组成，并含有石英、长石、云母及硫酸盐、硫化物、碳酸盐等杂质。黏土矿物的颗粒细小，常在胶体尺寸范围内，呈晶体或非晶体，大多数是片状，少数为管状、棒状。黏土矿物用水湿润后具有可塑性，在较小压力下可以变形并能长久保持原状，而且比表面积大，颗粒上带有负电性，因此有很好的物理吸附性和表面化学活性，具有与其他阳离子交换的能力。

　　耐火材料种类繁多，通常按耐火度高低分为普通耐火材料（1580 ~ 1770℃）、高级耐火材料（1770 ~ 2000℃）和特级耐火材料（2000℃以上）；按化学特性分为酸性耐火材料、中性耐火材料和碱性耐火材料。此外，还有用于特殊场合的耐火材料。

　　酸性耐火材料以氧化硅为主要成分，常用的有硅砖和黏土砖。硅砖是含氧化硅93%以上的硅质制品，使用的原料有硅石等，其抗酸性炉渣侵蚀能力强，荷重软化温度高，重复煅烧后体积不收缩，甚至略有膨胀；但其易受碱性渣的侵蚀，抗热振性差。硅砖主要用于焦炉、玻璃熔窑、酸性炼钢炉等热工设备。黏土砖以耐火黏土为主要原料，含有30% ~46%的氧化铝，属弱酸性耐火材料，抗热振性好，对酸性炉渣有抗蚀性，应用广泛。

　　中性耐火材料以氧化铝、氧化铬或碳为主要成分。含氧化铝95%以上的刚玉制品是一种用途较广的优质耐火材料。以氧化铬为主要成分的铬砖对钢渣的耐蚀性好，但抗热振性较差，高温荷重变形温度较低。碳质耐火材料有碳砖、石墨制品和碳化硅质制品，其热膨胀系数很低，导热性高，耐热振性能好，高温强度高，抗酸碱和盐的侵蚀，不受金属和熔渣的润湿，质轻。它被广泛用作高温炉衬材料，也用作石油、化工的高压釜内衬。

　　碱性耐火材料以氧化镁、氧化钙为主要成分，常用的是镁砖。含氧化镁80%～85%的镁砖，对碱性渣和铁渣有很好的抵抗性，耐火度比黏土砖和硅砖高。它主要用于平炉、吹氧转炉、电炉、有色金属冶炼设备以及一些高温设备上。

　　在特殊场合应用的耐火材料有高温氧化物材料，如氧化铝、氧化镧、氧化铍、氧化钙、氧化锆等；难熔化合物材料，如碳化物、氮化物、硼化物、硅化物和硫化物等；高温复合材料，主要有金属陶瓷、高温无机涂层和纤维增强陶瓷等。

◆ 超硬材料有多硬

　　超硬材料是金刚石和立方氮化硼两种材料的统称。目前，在世界上已知的材料中，金刚石和立方氮化硼是最硬的两种材料。由于它们的硬度超出其他材料的数倍，因而人们将这两种材料称为超硬材料。

　　金刚石，也称钻石，有天然金刚石和人造金刚石两种。金刚石是目前世界上已知的最硬的工业材料，它不仅具有硬度高、耐磨、热稳定性能好等特性，而且以其优秀的抗压强度、散热速率、传声速率、电流阻抗、防蚀能力、透光、低热胀率等物理性能，成为工业应用领域不可替代的新材料，现代工业和科学技术的瑰宝。

　　人造金刚石是加工业最硬的磨料、电子工业最有效的散

拓展阅读

金刚石

　　金刚石是无色正八面体晶体，由碳原子以四价键连接，为目前已知自然存在的最硬物质。金刚石由于折射率高，在灯光下显得闪闪发光，经琢磨被加工成钻石。巨型的美钻价值连城。而掺有深颜色的钻石的价钱更高。在工业上，金刚石主要用于制造钻探用的探头和磨削工具，形状完整的还用于制造首饰等高档装饰品，其价格十分昂贵。

热材料、半导体最好的晶片、通信元器件最高频的滤波器、音响最传真的振动膜、机件最稳定的抗蚀层等，已经被广泛应用于冶金、石油钻探、建筑工程、机械加工、仪器仪表、电子工业、航空航天等领域。

纯天然的金刚石

立方氮化硼，目前在自然界还没有找到这种物质的存在，是人工合成的一种超硬材料。

立方氮化硼是硬度仅次于金刚石的超硬材料。它不但具有金刚石的许多优良特性，而且有更高的热稳定性和对铁族金属及其合金的化学惰性。它作为工程材料，已经被广泛应用于黑色金属及其合金材料的加工工业。同时，它又以其优异的热学、电学、光学和声学等性能，在一系列高科技领域得到应用，成为一种具有极好发展前景的功能材料。

立方氮化硼微粉，用在精密磨削、研磨、抛光和超精加工，以达到高精度的加工表面。它可用于树脂、金属、陶瓷等结合剂体系，亦可用于生产聚晶复合片烧结体，还可用作松散磨粒、研磨膏。

黑色立方氮化硼由于具有优异的化学物理性能，如具有仅次于金刚石的高硬度、高热稳定性和化学惰性，作为超硬磨料在不同行业的加工领域获得广泛的应用，现在更是成为汽车、航天航空、机械电子、微电子等工业不可或缺的重要材料，因而也得到各工业发达国家的极大重视。

合成立方氮化硼除静态高压触媒法还有多种方法，如静态高压直接转化法、动态冲击法、气相沉积法等，其中有些方法如气相沉积法发展很快。但迄今为止，工业合成立方氮化硼的主要方法还是静态高压触媒法，立方氮化硼的合成研究也主要集中于这方面。

立方氮化硼聚晶刀具是由许多细晶粒立方氮化硼聚结而成的立方氮化硼聚集体的一类超硬材料产品。它除了具有高硬度、高耐磨性外，还具有高韧性、化学惰性、红硬性等特点，并可用金刚石砂轮开刃修磨。在切削加工的各个方面都表现出优异的切削性能，能够在高温下实现稳定切削，特别适合加工各种淬火钢、工具钢、冷硬铸铁等难加工材料。刀具切削锋利、保形性好、耐磨性能高、单位磨损量小、修正次数少、利于自动加工，适用于从粗加工到精加工的所有切削加工。立方氮化硼聚晶刀在数控切削行业已得到广泛应用，是一种具有良好发展前景的刀具材料。

　　人造金刚石聚晶复合片是在高温高压情况下由许多细晶粒金刚石和硬质合金衬底联合烧结而成的块状聚结体。它和立方氮化硼聚晶刀一样具有高强度、高硬度、高耐磨性，特别是具有高的抗冲击韧性。作为加工工具，人造金刚石聚晶复合片主要用于石油、冶金、地质钻头、扩孔器等，其钻进速度及时效均为天然金刚石的许多倍，同时钻进过程中还可以有效保持孔径。人造金刚石复合片还可以用来切削非铁金属及其合金、硬质合金以及非金属材料。它的切削速度为硬质合金刀具的上百倍，耐用度为硬质合金的上千倍。

◉▶ 骨伤外科的福音——医用碳素材料

　　自20世纪60年代人们首次用低温热解同性碳制造出人工机械心瓣并临床应用成功以后，由于碳素材料具有十分突出的生物相容性和适中的机械性能，国内外对新型医用材料的开发应用研究一直十分活跃。总体上看，医用碳素材料主要是作为假体植入到体内修复或替代被破

医用的碳素材料

坏的器官的功能。一方面，医用碳素材料是一种化学惰性材料，具有良好的生物相容性，在体内不会被腐蚀或磨损，不会产生对机体有害的离子，低温热解同性碳还具有罕见的抗血凝性能，可直接应用于心血管系统；另一方面，

与金属材料相比，医用碳素材料又具有良好的"生物力学相容性"，尤其是碳纤维问世以来，碳复合材料、碳纤维增强树脂等多种高性能结构材料不断涌现，它们可容高强度低模量于一身，并具有很好的抗疲劳性能，因此医用碳素材料作为修复或替代受损骨组织的材料已被较为广泛地应用于骨伤外科。这里重点介绍医用碳素材料在临床应用方面的进展。

1. 医用碳素材料在心血管系统中的应用。人工机械心脏瓣膜自1969年临床应用成功后，不到10年时间就有20多万人植入了这种人工心瓣，其中大约70%是用掺硅低温热解同性碳制成的。同类型人工机械心瓣在国内也于1978年应用于临床。通过完善人工机械心瓣的结构来不断改善人工机械心瓣的功能仍是当前研究的热点，国内已有双叶翼型人工机械心瓣的开发研究报告。

2. 医用碳素材料在修复结缔组织中的应用。碳纤维及其织造物作为修复损伤的韧带与肌腱，在国内已被广泛应用于临床，当碳纤维作为肌腱的替代物移入体内后起柔性固定的作用，碳纤维相当于支架，新的肌腱逐渐在碳纤维周围形成并最终取而代之。通过碳纤维网袋悬吊术可治疗肾下垂。用碳纤维增强的壳聚糖复合膜的力学性能和抗卷曲性可得到明显改善，可望用于张力部位的体内修补和缝合。

基本小知识

肌　腱

肌腱是肌腹两端的索状或膜状致密结缔组织，便于肌肉附着和固定。一块肌肉的肌腱分附在两块或两块以上的不同骨骼上，是由于肌腱的牵引作用才能使肌肉的收缩带动不同骨骼的运动。每一块骨骼肌都分成肌腹和肌腱两部分，肌腹由肌纤维构成，色红质软，有收缩能力，肌腱由致密结缔组织构成，色白较硬，没有收缩能力。肌腱把骨骼肌附着于骨骼。长肌的肌腱多呈圆索状，阔肌的肌腱阔而薄，呈膜状，又叫腱膜。

3. 医用碳素材料在牙科中的应用。碳素材料在牙科主要是作为骨内种植体代替损失的牙根，被广泛应用于宇航工业的碳复合材料制成的牙种植体在强度上已能满足要求。与金属牙种植体相比，碳质种植体的优势在于弹性模量与骨质相近，表面易制出多孔膜，所以这种种植体植入后不易松动。有一期临床试验结果表明：使用碳复合材料制成的牙种植体可以防止牙槽骨的吸收。在提高牙种植体与牙槽骨的结合强度方面，主要有两种方法：一种是在牙种植体的表面制成一层坚固的细密网架结构薄层（FRS膜）；另一种方法是将碳质种植体表面用钙、磷离子膜化。

4. 医用碳素材料在骨伤外科中的应用。在下肢不等长畸形的肢体延长矫正手术中，用碳复合材料制成的圆骨针取代不锈钢圆骨针可减少组织反应和感染的机会。处理骨折时为避免金属内置式接骨板带来的应力屏蔽效应，可采用碳复合材料或碳纤维增强树脂制造的内置式接骨板，国内已有碳纤维增强塑料内置式接骨板的研制报告。对于难以愈合的关节损伤，有时必须考虑关节置换术。国内应用于临床的有碳－钛组合式股骨头和碳质髋臼、碳质肱骨头、碳纤维增强塑料人工肋骨等。尽管碳素材料良好的生物相容性已被人们所了解，但也有一例碳纤维植入人体致骨坏死的报告，所以临床应用碳素材料时也应注意个体差异。

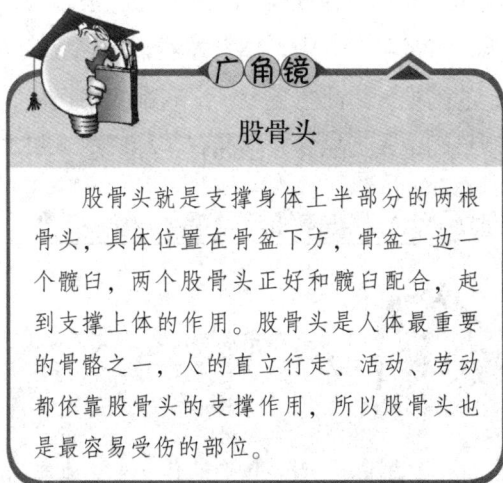

广角镜

股骨头

股骨头就是支撑身体上半部分的两根骨头，具体位置在骨盆下方，骨盆一边一个髋臼，两个股骨头正好和髋臼配合，起到支撑上体的作用。股骨头是人体最重要的骨骼之一，人的直立行走、活动、劳动都依靠股骨头的支撑作用，所以股骨头也是最容易受伤的部位。

➡ 植入眼内的人工透镜——人工晶体

➡◎ 人工晶体的由来

人工晶体，是一种植入眼内的人工透镜，取代天然晶状体的作用。第一枚人工晶体是由约翰·帕克、约翰·赫尔特和霍华德·瑞德利共同设计的，1949 年 11 月 29 日，霍华德·瑞德利医生在伦敦汤姆森医院为病人植入了首枚人工晶体。

在第二次世界大战中，人们观察到某些受伤的飞行员眼中有玻璃碎片，却没有引起明显的、持续的炎症反应，于是想到玻璃或者一些高分子有机材料可以在眼内保持稳定，由此发明了人工晶体。

人工晶体的形态，通常是由一个圆形光学部和周边的支撑袢组成，光学部的直径一般在 5.5~6 毫米，这是因为，在夜间或暗光下，人的瞳孔会放大，直径可以达到 6 毫米左右，而过大的人工晶体在制造或者手术中都有一定的困难，因此主要生产厂商都使用直径 5.5~6 毫米的光学部。支撑袢的作用是固定人工晶体。它拥有各种形态，基本的可以是两个 C 型的线装支撑袢。

◎ 人工晶体怎样分类

广角镜

白内障

白内障是一种眼睛晶状体发生混浊的疾病，是最常见的致盲性眼病，白内障的流行情况各地区有很大的差异，中医中又称"青盲"。一般来说，随着人们年龄的增长，白内障的发病率逐渐提高。典型的白内障的临床表现是渐进性视力下降，由于晶状体的密度变化，还可能伴有近视度数加深，单眼复视等症状，一般不伴有眼红眼痛。目前虽然有许多药物，但尚无药物可以使白内障的进程逆转。所以真正可以使患者视力恢复的治疗仍是手术治疗。

按照硬度，人工晶体可以分为硬性人工晶体和软性人工晶体。软性人工晶体又可以分为丙烯酸类晶体和硅凝胶类晶体。顾名思义，软性人工晶体就是可折叠晶体。首先出现的是硬性人工晶体，这种晶体不能折叠，手术时需要一个与晶体光学部大小相同的切口（6 毫米左右），才能将晶体植入眼内。

到 20 世纪 80 年代后期 90 年代初，白内障超声乳化手术技术迅速发展，手术医生仅仅使用 3.2 毫米甚至更小的切口就已经可以清除白内障，但在安放人工晶体的时候却还需要扩大切口，才能植入。为了适应手术的进步，人工晶体的材料逐步改进，出现了可折叠的人工晶体，一个光学部直径 6 毫米的人工晶体，可以对折，甚至卷曲起来，通过植入镊或植入器将其植入，待进入眼内后，折叠的人工晶体会自动展开，支撑在指定的位置。

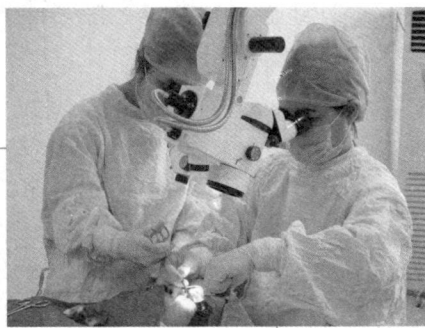

使用人工晶体的白内障手术

按照安放的位置，人工晶体可以分为前房固定型人工晶体、虹膜固定型人工晶体、后房固定型人工晶体。通常人工晶体最佳的安放位置是在天然晶状体的囊袋内，也就是后房固定型人工晶体的位置，在这里可以比较好地保证人工晶体的位置居中，与周围组织没有摩擦，炎症反应较轻。但是在某些特殊情况下眼科医师也可能把人工晶体安放在其他的位置，例如，对于校正屈光不正的患者，可以保留其天然晶状体，进行有晶体眼的人工晶体植入；或者是对于手术中出现晶体囊袋破裂等并发症的患者，可以植入前房固定型人工晶体或者后房固定型人工晶体，然后缝线固定。

◎ 人工晶体的材料

人工晶体经过了数十年的发展，材料主要是由线性的多聚物和交联剂组成。通过改变多聚物的化学组成，可以改变人工晶体的折射率、硬度等。

PMMA 的粉末

最经典的人工晶体材料是PMMA，也就是聚甲基丙烯酸甲酯。这种材料是疏水性丙烯酸酯，只能生产硬性人工晶体。但是此种晶体却是在当时的医疗水平下唯一可以用于糖尿病病人的人工晶体。但是现在多种材料的产生、医疗技术水平及方式的改变和提高，使糖尿病病人不再局限于PMMA人工晶体。

有机高分子材料

有机高分子材料简称高分子化合物或高分子，又称高聚物。它是衣、食、住、行和工农业生产各方面都离不开的材料，其中棉、毛、丝、塑料、橡胶等都是最常用的。物质文明和精神文明都高度发展的今天，近代化学化工科学技术的迅速发展，创造了许多自然界从来没有过的人工合成高分子化合物，对满足各种需求做出了重要贡献。

什么是有机高分子材料

有机硅高分子材料

有机高分子化合物简称高分子化合物或高分子，又称高聚物。高分子化合物是衣、食、住、行和工农业生产各方面都离不开的材料，其中棉、毛、丝、塑料、橡胶等都是最常用的。以往人们使用的高分子材料都取自天然产物。物质文明和精神文明都高度发展的今天，天然高分子材料已经不能满足生产、生活和科技各方面日益增长的需要。近代化学化工科学技术的迅速发展，创造了许多自然界从来没有过的人工合成高分子化合物，对满足各种需求作出了重要贡献。

高分子是由一种或几种结构单元多次重复连接起来的化合物。它们的组成元素不多，主要是碳、氢、氧、氮等，但是相对分子质量很大，一般在10000以上，可高达几百万。因此才叫作高分子化合物。

例如，用量很大的聚氯乙烯（PVC）就是由多种结构单元多次重复连接而成。有一些结构复杂或者结构尚未确定的高分子化合物，在名称上有时加"树脂"二字，例如酚醛树脂、脲醛树脂等。

高分子化合物的这种很不一般的结构，使它表现出了非同凡响的特性。例如，高分子链有一定内旋自由度，可以弯曲，使高分子链具有柔性；高分子结构单元间的作用力及分子链间的交联结构，直接影响它的聚集态结构，从而决定高分子材料的主要性能。

高分子化合物固、液、气三种存在状态的变化一般并不很明显。固体高分子化合物的存在状态主要有玻璃态、橡胶态和纤维态。固体状态的高分子化合物多是硬而有刚性的物体。无定形的透明固体高分子化合物很像玻璃，故称它为玻璃态。在橡胶态下，高分子链处于自然无规则和卷曲状态，在应力作用下被拉伸，去掉应力又恢复卷曲，表现出弹性。纤维是由高分子化合物构成的纤细材料。

知识小链接

树　脂

　　树脂是植物组织的正常代谢产物或分泌物，常和挥发油并存于植物的分泌细胞、树脂道或导管中，尤其是多年生木本植物心材部位的导管中。它是由多种成分组成的混合物，通常为无定形固体，表面微有光泽，质硬而脆，少数为半固体；不溶于水，也不吸水膨胀，易溶于醇、乙醚、氯仿等大多数有机溶剂；加热软化，最后熔融，燃烧时有浓烟，并有特殊的香气或臭气。

　　高分子化合物的基本结构特征，使它们具有跟低分子化合物不同的许多宝贵性能。例如机械强度大、弹性高、可塑性强、硬度大、耐磨、耐热、耐腐蚀、耐溶剂、电绝缘性强、气密性好等，使高分子材料具有非常广泛的用途。

　　通常使用的高分子材料，常是由高分子化合物加入各种添加剂所形成，其基本性能取决于所含高分子化合物的性质，各种不同添加剂的作用在于更好地发挥、保持、改进高分子化合物的性能，满足不同的要求，用在更多的方面。

　　随着化学化工的发展，高分子化合物的品种日益增加。对众多的高分子化合物可以从不同角度进行分类，通常的分类方法有以下几种：

　　1. 根据来源分为天然高分子化合物、合成高分子化合物和半合成高分子化合物。天然高分子化合物如纤维素、淀粉等；各种人工合成的高分子如聚乙烯、聚丙烯等为合成高分子化合物；醋酸纤维素等为半合成高分子化合物。

　　2. 根据合成反应特点分为聚合物、缩合物和开环聚合物等。

　　3. 根据性质和用途分为塑料、橡胶、纤维等。

🔷 生活中最常用的材料——塑料

◎ 我们日常用的塑料到底是什么

塑料的碎片

塑料为合成的高分子化合物，又可称为高分子或巨分子，可以自由改变形体样式。塑料是利用单体原料以合成或缩合反应聚合而成的材料，由合成树脂及填料、增塑剂、稳定剂、润滑剂、色料等添加剂组成的，它的主要成分是合成树脂。

"树脂"这一名词最初是由动植物分泌出的脂质而得名，如松香、虫胶等，目前树脂是指尚未和各种添加剂混合的高聚物。树脂占塑料总重量的 40% ~ 100%。塑料的基本性能主要取决于树脂的性质，但添加剂也起着重要作用。有些塑料基本上是由合成树脂所组成，不含或少含添加剂，如有机玻璃、聚苯乙烯等。

◎ 塑料的优点

1. 大部分塑料的抗腐蚀能

拓展阅读

松香

松香是一种浅黄色到红棕色，透明，具有热塑性的玻璃体物质。松香是一种具有多种成分的混合物，其成分因松树种类不同而略有差异，主要由树脂酸组成，另有少量脂肪酸和中性物质。松香是由多种树脂酸组成，其化学性质决定树脂酸所能产生的各种反应。树脂酸分子具有两个化学反应中心，即双键和羧基。由于树脂酸的双键反应和羧基反应，使松香易于异构化，对空气的氧化作用比较敏感，并具有加成、歧化、氢化、聚合、氨解、酯化、成盐、脱羧等反应。

力强，不与酸、碱反应。

2. 塑料制造成本低。

3. 塑料耐用、防水、质轻。

4. 塑料容易被塑制成不同形状。

5. 塑料是良好的绝缘体。

6. 塑料可以用于制备燃料油和燃料气，这样可以降低原油消耗。

◎ 塑料的缺点

1. 回收利用废弃塑料时，分类十分困难，而且经济上不合算。

2. 塑料容易燃烧，燃烧时产生有毒气体。例如聚苯乙烯燃烧时产生甲苯，这种物质会导致失明，吸入有呕吐等症状，PVC 燃烧也会产生氯化氢有毒气体，除了燃烧，高温环境也会导致塑料分解出有毒成分，例如苯环等。

3. 塑料是由石油炼制的产品制成的，石油资源是有限的。

◎ 塑料是怎样分类的

根据各种塑料不同的使用特性，通常将塑料分为通用塑料、工程塑料和特种塑料三种类型。

1. 通用塑料，一般是指产量大、用途广、成型性好、价格便宜的塑料。通用塑料有五大品种，即聚乙烯（PE）、聚丙烯（PP）、聚氯乙烯（PVC）、聚苯乙烯（PS）及丙烯腈－丁二烯－苯乙烯共聚合物（ABS）。它们都是热塑性塑料。

通用塑料的生产

2. 工程塑料，一般指能承受一定外力作用，具有良好的机械性能和耐高、低温性能，尺寸稳定性较好，可以用作工程结构的塑料，如聚酰胺、聚砜等。

知识小链接

聚酰胺

聚酰胺是由含有羧基和氨基的单体通过肽键聚合成的高分子。它们可能是自然生成，例如羊毛、丝等的各种蛋白质，也可能是人工通过逐步聚合或固相聚合得到的，例如尼龙、芳香聚酰胺和钠聚（天冬氨酸）。由于其极端的耐用性和强度，人工聚酰胺聚合物通常用于纺织品、汽车零件、地毯、运动装、食物包装、眼镜架、镜片、飞机、自行车轮胎、护甲、防护手套、防火衣、防火头盔等的制造。

工程塑料又分为通用工程塑料和特种工程塑料两大类。

通用工程塑料包括聚酰胺、聚甲醛、聚碳酸酯、改性聚苯醚、热塑性聚酯、超高分子量聚乙烯、甲基戊烯聚合物、乙烯醇共聚物等。

拓展阅读

石 英

石英，无机矿物质，主要成分是二氧化硅，常含有少量杂质成分如氧化铝、氧化钙、氧化镁等，为半透明或不透明的晶体，一般为乳白色，质地坚硬。石英是一种物理性质和化学性质均十分稳定的矿产资源。晶体属三方晶系的氧化物矿物，即低温石英，是石英族矿物中分布最广的一个矿物种。广义的石英还包括高温石英。石英块又名硅石，主要是生产石英砂（又称硅砂）的原料，也是石英耐火材料和烧制硅铁的原料。

特种工程塑料又有交联型与非交联型之分。交联型的有聚氨基双马来酰胺、聚三嗪、交联聚酰亚胺、耐热环氧树脂等；非交联型的主要有聚砜、聚醚砜、聚苯硫醚、聚酰亚胺、聚醚醚酮（PEEK）等。

3. 特种塑料，一般是指具有特种功能，可用于航空、航天等特殊应用领域的塑料。如氟塑料和有机硅具有突出的耐高温、自润滑等特殊功用，增强塑料和泡沫塑料具有高强度、高缓冲性等特殊性能，这些塑料都属于特种塑料的范畴。①增强塑料。增强塑料原料在外形上可分为粒状

塑料（如钙塑增强塑料）、纤维状塑料（如玻璃纤维或玻璃布增强塑料）、片状塑料（如云母增强塑料）三种。按材质可分为布基增强塑料（如碎布增强或石棉增强塑料）、无机矿物填充塑料（如石英或云母填充塑料）、纤维增强塑料（如碳纤维增强塑料）三种。②泡沫塑料。泡沫塑料可以分为硬质泡沫塑料、半硬质泡沫塑料和软质泡沫塑料三种。硬质泡沫塑料没有柔韧性，压缩硬度很大，只有达到一定应力值才产生变形，应力解除后不能恢复原状；软质泡沫塑料富有柔韧性，压缩硬度很小，很容易变形，应力解除后能恢复原状，残余变形较小；半硬质泡沫塑料的柔韧性和其他性能介于硬质泡沫塑料与软质泡沫塑料之间。

◎ 塑料时代的诞生

第一种完全合成的塑料出自美籍比利时人贝克兰，1907 年 7 月 14 日，他注册了酚醛塑料的专利。

贝克兰是鞋匠和女仆的儿子，1863 年生于比利时根特。1884 年，21 岁的贝克兰获得根特大学博士学位，24 岁时就成为比利时布鲁日高等师范学院的物理和化学教授。1889 年，刚刚娶了大学导师的女儿，贝克兰又获得一笔旅行奖学金，到美国从事化学研究。

在哥伦比亚大学的查尔斯·钱德勒教授鼓励下，贝克兰留在美国，为纽约一家摄影供应商工作。这使他几年后发明了 Velox 照相纸，这种照相纸可以在灯光下而不是必须在阳光下才能显影。1893 年，贝

趣味点击　比利时

比利时位于欧洲西北部，东与德国接壤，北与荷兰比邻，南与法国交界，西临北海，属温带海洋性气候，境内主要河流有马斯河和埃斯考河。人口稠密的比利时是世界上工业最发达的地区之一，亦为 19 世纪初欧洲大陆最早进行工业革命的国家之一。比利时拥有完善的港口、铁路和公路等基础设施，为与邻国进行更紧密的经济整合创造条件。比利时经济十分倚赖国际贸易，全国 GNP 的大约三分之二来自出口。

"塑料之父"——贝克兰

克兰辞职创办了 Nepera 化学公司。

在新产品冲击下，摄影器材商柯达吃不消了。1898 年，经过两次谈判，柯达方以 75 万美元的价格购得 Velox 照相纸的专利权。不过柯达很快发现配方不灵，贝克兰的回答是：这很正常，发明家在专利文件里都会省略一两步，以防被侵权使用。柯达被告知：他们买的是专利，但不是全部知识。又付了 10 万美元，柯达方知秘密在一种溶液里。

掘得第一桶金，贝克兰买下了纽约附近的一座豪宅，并将他的一个谷仓改成设备齐全的私人实验室，还与人合作在布鲁克林建起试验工厂。当时刚刚萌芽的电力工业蕴藏着绝缘材料的巨大市场。贝克兰嗅到的第一个诱惑是天然的绝缘材料虫胶价格的飞涨，几个世纪以来，这种材料一直依靠南亚的家庭手工业生产。经过考察，贝克兰把寻找虫胶的替代品作为第一个商业目标。当时，化学家已经开始认识到很多可用作涂料、黏合剂和织物的天然树脂和纤维都是聚合物，即结构重复的大分子，开始寻找能合成聚合物的成分和方法。

早在 1872 年，德国化学家拜尔就发现：苯酚和甲醛反应后，玻璃管底部有些顽固的残留物。不过拜尔的眼光落在合成染料上，而不是绝缘材料上，对他来说，这种黏糊糊的不溶解物质是条死胡同。但对贝克兰等人来说，这种东西却是光明的路标。从 1904 年开始，贝克兰开始研究这种反应。最初得到的是一种液体——苯酚 – 甲醛虫胶，但在市场中并未取得成功。3 年后，他得到一种糊状的黏性物，模压后成为半透明的硬塑料——酚醛塑料。

酚醛塑料与之前的塑料完全不同，例如赛璐珞来自化学处理过的胶棉以及其他含纤维素的植物材料，而酚醛塑料是世界第一种完全合成的塑料。他很幸运，英国同行詹姆斯·斯温伯恩爵士只比他晚 1 天提交专利申请。1909

年 2 月 8 日，贝克兰在美国化学协会纽约分会的一次会议上公开了这种塑料。

酚醛塑料绝缘、稳定、耐热、耐腐蚀、不可燃，贝克兰称其为"千用材料"。特别是在迅速发展的汽车、无线电和电力工业中，它被制成插头、插座、收音机和电话外壳、螺旋桨、阀门、齿轮、管道。在家庭中，它出现在台球、把手、按钮、刀柄、桌面、烟斗、保温瓶、电热水瓶、钢笔和人造珠宝上。这是 20 世纪的炼金术，从煤焦油那样的廉价产物中，得到用途如此广泛的材料。1924 年，《时代》周刊的一则封面故事称：那些熟悉酚醛塑

拓展阅读

煤焦油

煤焦油是一种黑色或褐色黏稠液体，又称为煤潜，气味与芳香烃相似。它是在干馏煤制焦炭和煤气时的副产物。煤焦油成分复杂，主要是酚类、芳香烃和杂环化合物的混合物。煤焦油有致癌性，属于 IARC（国示癌症研究机构）第一类致癌物质。煤焦油主要用于分馏出各种酚类、芳香烃、烷类等，并可用于制造其他染料或药物等。

料潜力的人表示，数年后它将出现在现代文明的每一种机械设备里。1940 年 5 月 20 日的《时代》周刊则将贝克兰称为"塑料之父"。当然，酚醛塑料也有缺点，它受热会变暗，只有深褐、黑或暗绿三种颜色，而且容易摔碎。

1910 年，贝克兰创办了通用酚醛塑料公司，在新泽西的工厂开始生产。酚醛塑料很快有了竞争对手，市场上出现了两种特别牢固的塑料，爱迪生曾试图用它们制成留声机唱片控制市场，但未成功。1926 年，专利保护到期，大批同类产品涌入市场。经过谈判，贝克兰与对手合并，拥有了一个真正的酚醛塑料帝国。

作为科学家，贝克兰可谓名利双收，他拥有超过 100 项专利，荣誉职位数不胜数，死后也位居科学界和商界两类名人榜。他身上既有科学家少有的商业精明，又有科学家太多的生活迟钝。除了电影和汽车，他最大的爱好是穿着衬衫、短裤流连于游艇"离子"号上。不过据说他只有一套正装，而且

贝克兰研制酚醛树脂

总是穿一双旧运动鞋。为了让他换套行头，身为艺术家的妻子在服装店挑了 125 美元的套装，预付了店主 100 美元，要他把这套衣服陈列在橱窗里，挂上一个 25 美元的标签。当晚，贝克兰从妻子口中获悉这件物美价廉的好事，第二天就买了下来。回家路上碰到邻居、律师萨缪尔·昂特迈耶，贝克兰的新衣服立刻被对方以 75 美元买走，成为他向妻子显示精明的得意事例。

1939 年，贝克兰退休时，儿子乔治·华盛顿·贝克兰无意从商，公司以 1650 万美元出售给联合碳化物公司。1945 年，贝克兰死后 1 年，美国的塑料年产量就超过 40 万吨，1979 年又超过了工业时代的代表——钢。

基本小知识

尿 素

尿素别名碳酰二胺、碳酰胺、脲，是由碳、氮、氧和氢组成的有机化合物，其化学公式为 CON_2H_4、$CO(NH_2)_2$ 或 CN_2H_4O，外观是白色晶体或粉末，通常用作植物的氮肥。尿素在肝合成，是哺乳类动物排出的体内含氮代谢物，这一代谢过程被称为尿素循环。尿素是第一种以人工合成无机物质而得到的有机化合物。

◎ 透视现代新型塑料的应用

塑料技术的发展日新月异，针对全新应用的新材料开发，针对已有材料市场的性能完善以及针对特殊应用的性能提高，是新材料开发、应用与创新的几个重要方向。

1. 新型高热传导率生物塑料。日本电气公司新开发出以植物为原料的生物塑料，其热传导率与不锈钢不相上下。该公司在以玉米为原料的聚乳酸树脂中混入长数毫米、直径0.01毫米的碳纤维和特殊的黏合剂，制得新型高热传导率的生物塑料。如果混入10%的碳纤维，生物塑料的热传导率与不锈钢不相上下；加入30%的碳纤维时，生物塑料的热传导率为不锈钢的2倍，密度只有不锈钢的1/5。

这种生物塑料除导热性能好外，还具有质量轻、易成型、对环境污染小等优点，可用于生产轻薄型的电脑、手机等电子产品的外框。

2. 可变色塑料薄膜。英国南安普敦大学和德国达姆施塔特塑料研究所共同开发出一种可变色塑料薄膜。这种薄膜把天然光学效果和人造光学效果结合在一起，实际上是让物体精确改变颜色的一种新途径。这种可变色塑料薄膜为塑料蛋白石薄膜，是由在三维空间叠起来的塑料小球组成的，在塑料小球中间还包含微小的碳纳米粒子，从而使光不只是在塑料小球和周围物质之间的边缘区反射，而且也在填在这些塑料小球之间的碳纳米粒子表面反射，这就大大加深了薄膜的颜色。只要控制塑料小球的体积，就能产生只散射某些光谱频率的光物质。

3. 塑料血液。英国一所大学的研究人员开发出一种塑料血液，外形就像浓稠的糨糊，只要将其溶于水后就可以给病人输血，可作为急救过程中的血液替代品。这种新型人造血液由塑料分子构成，一块人造血液中有数百万个塑料分子，这些分子的大小和形状都与血

拓展思考

原 子

原子是一种元素能保持其化学性质的最小单位。一个原子包含有一个致密的原子核及若干围绕在原子核周围带负电的电子。原子核由带正电的质子和电中性的中子组成。当质子数与电子数相同时，这个原子就是电中性的；否则，就是带有正电荷或者负电荷的离子。根据质子和中子数量的不同，原子的类型也不同：质子数决定了该原子属于哪一种元素，而中子数则确定了该原子是此元素的哪一个同位素。

红蛋白分子类似，还可携带铁原子，像血红蛋白那样把氧输送到全身。由于制造原料是塑料，因此这种人造血液轻便易带，不需要冷藏保存，使用有效期长、工作效率高，而且造价较低。

新型防弹塑料制成的产品

4. 新型防弹塑料。墨西哥的一个科研小组最近研制出一种新型防弹塑料，它可用来制作防弹玻璃和防弹服，质量只有传统材料的 1/7 ~ 1/5。这是一种经过特殊加工的塑料物质，与正常结构的塑料相比，具有超强的防弹性。试验表明，这种新型塑料可以抵御直径 22 毫米的子弹。通常的防弹材料在被子弹击中后会出现受损变形，无法继续使用。这种新型材料受到子弹冲击后，虽然暂时也会变形，但很快就会恢复原状并可继续使用。此外，这种新型材料可以将子弹的冲击力平均分配，从而减少对人体的伤害。

5. 可降低汽车噪声的塑料。美国聚合物集团公司（PGI）采用可再生的聚丙烯和聚对苯二甲酸乙二醇酯制造出一种新型基础材料，应用于可模塑汽车零部件，可降低噪声。该种材料主要应用于车身和轮厢衬垫，产生一个屏障层，能吸收汽车车厢内的声音并且减少噪声，减少幅度为 25% ~ 30%，PGI公司开发了一种特殊的一步法生产工艺，将再生材料和没有经过处理的材料有机地结合在一起，通过层叠法和针刺法使得两种材料成为一个整体。

6. 压电塑料。压电塑料是一种含碳原子的聚合物，叫二氟化聚乙二烯。制造的时候，是把它压成板片，夹在正负电极之间，放在强电场中就成了。就像吸了水的海绵似的：挤它，水被挤出；放开它，它又把水吸回，只不过压电塑料被挤出和吸回的是电流而不是水。

过去，人们对它可谓大材小用，以为它只能抗太阳紫外线辐射，用它做永久性防护塑料。现在，人们了解了它的性质，使其应用领域不断扩大。它能在每秒钟探测出几千个粉尘微粒，质量小于10～12克，时速高达27万千米的小东西也逃不过它的眼睛。人们可以把它用在机器人的触觉上，也可以用于爆破监测等各方面。

7. 土豆皮制塑料袋。土豆，即马铃薯，既可当主食，又可以做菜。但不论做主食还是做副食，都要去皮。由于世界各国每年要食用很多土豆，因此也就产生了很多土豆皮。过去，土豆皮没什么用处，只能当垃圾扔掉，而在城市里，垃圾很多，常常堆积如山，令人头疼，人们不得不花费很大的财力、人力去处理。

塑料薄膜，人们经常要用它，且不说农村中地膜覆盖、塑料大棚要用塑料薄膜，就说城市里用塑料薄膜的地方也很多，如塑料包装、塑料袋等。这些薄厚不等的塑料大多是用聚氯乙烯或聚乙烯做的，在用完以后，塑料薄膜就成了废物被扔掉，进入垃圾大军。由于这些塑料在变成废物之后很不容易降解，因此，垃圾中的废塑料又成了垃圾处理中的难题，得把它们专门挑出来，单独处理。

如果能用土豆皮制成塑料，这种塑料制成的包装袋或购物袋在用完之后又很容易降解，很容易处理，那该多好！

现在，这种设想已经成为现实。

最近，美国芝加哥大学的科技人员已研制成功一种用土豆皮制成的塑料。过去，要制取容易降解的塑料，只能采用一种费时费钱的方法从玉米淀粉中制取，要经过光和微生物的分解，要用乳酸。显然，要大量制造这种塑料，是不合算的。现在，采用土豆皮来制取，即用含碳水化合物的垃圾材料来制取塑料，成本大大下降。

拓展阅读

淀 粉

淀粉是葡萄糖的高聚体，在餐饮业又称芡粉，水解到二糖阶段为麦芽糖，完全水解后得到葡萄糖。淀粉有直链淀粉和支链淀粉两类。淀粉是植物体中贮存的养分，贮存在种子和块茎中，各类植物中的淀粉含量都较高。

只要这样制得的塑料在用的时候不容易破，用完以后又容易"腐烂"，那将会被广泛用作塑料薄膜，因为这种性质正是人们所期待的。因此，可以预言，它将有着广阔的发展前途。

超级塑料——"艾伦"

8. 超级塑料。有一种塑料叫"艾伦"。"艾伦"是一种新的聚芳酯材料，它具有比一般塑料更轻、更硬、更耐高温、更耐腐蚀和延展性更好的特点，称得上是当今超级塑料中的一支新秀。

"艾伦"已被广泛应用于各行各业，它是制造在高温条件下运行的超级计算机中的印刷线路板的理想材料，还可用它代替易生锈的钢和硬度不足的铝来制造冰箱和微波炉的外壳。由于它具有高弹性，可以抵御碰撞，所以它还是制作汽车前部缓冲保险杠的极好材料。

9. 结晶型热塑性塑料。不久之前，英国研制出一种新型包装材料，既可用作农业上的包装袋，也可以在工业上应用。令人奇怪的是，用这种材料做的包装袋，当装上除草剂时，它很结实；而当装上农药，把这袋农药放入水缸时，过一会儿，包装袋就被溶化掉，只剩下稀释了的农药。

这是怎么回事呢？

原来，这种包装袋是用聚乙烯醇制成的。聚乙烯醇是一种结晶型热塑性塑料，在加热的情况下它具有可塑性，不加热时它是坚硬的。它还具有很好的抗拉强度、抗压强度、耐冲击性和耐摩擦性。用它做包装材料确实是很结实的。

但是，聚乙烯醇还有一个怪毛病，那就是怕水，它具有易溶于水的特点，而在有机溶剂中，它又很坚强。前面我们说的用这种塑料做的包装袋来装除草剂，虽然除草剂是液体的，但那不是水，而是有机溶剂，有机溶剂不能使聚乙烯醇溶化，所以，装除草剂的包装袋一直完好无损。当装有农药的包装袋放入水缸中以后，由于聚乙烯醇具有水溶性，所以包装袋很快就奇迹般地消失了。

虽然如此，聚乙烯醇也并不是像白糖那样放进水里就溶化掉，它的水溶性是可以调节的，如果在聚合时控制它的分子量在较低的水平，它就易溶于水。如果让它的分子量大一些，或者经过甘油增塑，制成所谓"标准型"聚乙烯醇，在冷水中就不易溶化。

当然，聚乙烯醇还溶于液氮。如果加热，它还能溶于醋酸、苯等溶剂。它对于油类、脂肪和蜡等具有不渗透性，对于氧气、氮气和氦气等的透过率几乎等于零。根据这些性质，它被广泛用作包装薄膜、黏合剂和乳化剂等。

拓展阅读

醋 酸

醋酸，即乙酸，化学式为 CH_3COOH，是一种有机一元酸，为食醋内酸味及刺激性气味的来源。乙酸是一种简单的羧酸，由一个甲基和一个羧基组成，是一种重要的化学试剂。在化学工业中，它被用来制造聚对苯二甲酸乙二酯，即饮料瓶的主要部分。乙酸也被用来制造电影胶片所需要的醋酸纤维素，木材用黏合剂中的聚乙酸乙烯酯以及很多合成纤维和织物。家庭中，乙酸稀溶液常被用作除垢剂。食品工业方面，乙酸是规定的一种酸度调节剂。

10. "杀手塑料"。科学家们在实验中发现了一个奇怪的现象：在使用醋酸纤维塑料制作温室材料、浇水用的软管、盛水和栽培植物的器具时，植物就生长不好并在短时间内相继死去。如将这种塑料片放在养鱼池中，鱼很快就会被毒死。

这是怎么一回事呢？原来是在这种塑料中含有的一种叫酞酸酯的物质在作怪，酞酸酯的蒸气被植物叶面吸收后，植物的细胞被破坏而死亡。因而这种塑料被誉为"杀手塑料"。酞酸酯在水中的溶解度很低，由于它不能被细菌破坏，因而可以积累到严重污染水的程度，使在水面进食的动物中毒死亡。酞酸酯还可经过多种途径进入人体，如用这种塑料膜包装猪肉和黄油，对人

体是有害的，对此已引起人们的高度重视。

11. 人工眼。现在，各种人造的人体器官日渐多起来，如人工骨、假肢、假牙等，还有的人安装了人工心脏。然而，研制人工眼却被人们视为畏途，因为人工眼必须能看见东西，否则，安上一只无视觉功能的人工眼也没什么用。如果随着科学技术的发展，人类能造出人工眼来，使千千万万的双目失明者重见光明，那该有多好哇！

最近传来的消息，给盲人们带来一线希望。前不久，日本三菱公司研制成一种奇特的新型塑性膜，当光照到这种材料上的时候，它就显示出导电性能，光照的强度越大，它的导电性能也越高，当光照撤去的时候，仍然能保持记忆功能。

这种塑性膜的光电转换工作，是由腙化合物来完成的；它的导电性能，则是硫酮化合物起的作用。制造这种塑性膜时，取适量的腙化合物、硫酮化合物、聚碳酸酯树脂，将它们混合起来，涂在基板上，形成 10 微米的薄膜即可。在不通电和无光照的时候，它是绝缘体。

用这种塑性膜制成的可记忆数字的液晶显示器件，采用 7 块塑性膜拼成日字形显示单元，当光通过数字掩膜板投射后，可将液晶显示维持 24 小时以上。

有人预言，这种塑性膜制成的显示器，将来可望用于神经计算机或生物的视觉模拟，也可制成人工眼。

12. 自行消失的塑料。塑料的广泛应用，极大地促进了工农业生产的发展，丰富和改善了人们的物质文化生活，同时也带来了塑料垃圾问题，造成环境污染。

英国科学家最近研制出一种新型高分子材料——聚二氧化碳制成的塑料，在水中或潮湿的空气中会缓慢地水解，蒸发为二氧化碳气体，它被称为"可自行消失的塑料"。

日本的科学家研制了一种生物降解塑料。在一种发酵过程中，用糖和酸来喂养土壤里的细菌，便会产生一种聚合物。提取这种聚合物，就可以制成树脂。用这种树脂制成的农用地膜埋入土壤后，可以被细菌吃掉。

前苏联的科学家为农民研制出了一种新型特殊的农用地膜，将它装棚5个月后，在阳光和空气的作用下，会自动破裂成小碎块掉在泥土里，慢慢融化消失，土壤也因此获得许多微量元素而变得肥沃起来。这种新的塑料薄膜就是聚乙烯，由于聚乙烯在制作过程中加入了一种含有铁铝成分的配制剂，所以增加了塑料对阳光的敏感性。

基本小知识

微量元素

微量元素指占生物体总质量0.01%以下，且为生物体所必需的一些元素，如铁、硅、锌、铜、碘、溴、锡、锰等。微量元素为植物体必需但需求量很少的一些元素。这些元素在土壤中缺少或不能被植物利用时，会导致植物生长不良，过多又容易引起中毒。在农业中，常以微量元素做种子处理、根外追肥来提高作物产量。微量元素在人体内的含量极小，但在生命活动过程中的作用是十分重要的。

还有一种以糖化合物为主要成分的薄膜，用它包装方便面，只要倒入开水，薄膜就会溶化，可与面条一起吃下去，非常方便，对人体健康也无害。

13. 泡沫塑料。席梦思床睡上去柔软舒适，有弹性，很受消费者的钟爱。席梦思床的弹性来自床垫下的弹簧，那柔软舒适的感觉则来自泡沫塑料制作的海绵床垫。

泡沫塑料和其他泡沫材料类似，也是用发泡的方法使塑料中形成很多微小的气孔。气孔要多、要小、要比较均匀。发泡的方法有使用化学发泡剂的，也有使用物理方法发泡的。根据制作什么样的材料而定。

泡沫塑料按发泡的多少，可分为高发泡体和低发泡体两类；按照

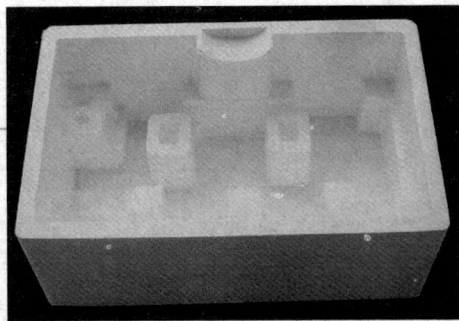

新型塑料——泡沫塑料

泡沫塑料的硬度和弹性分，又可分为硬质泡沫塑料、软质泡沫塑料和半硬质泡沫塑料。在最常用的泡沫塑料中，既适合制作硬质泡沫塑料，又可以制作软质泡沫塑料的塑料有聚氨酯塑料、聚氯乙烯塑料，此类为软硬兼宜；也有一些适宜制作硬质的或半硬质的泡沫塑料，此类塑料有聚丙烯塑料；聚乙烯塑料则多用来制作半硬质泡沫塑料；聚苯乙烯塑料和酚醛塑料则多用来制作硬质泡沫塑料。

泡沫塑料的特点是比重小，具有隔音、隔热、绝缘等优点，对外来的冲击可产生缓冲作用。它被广泛用作包装运输材料填充在仪器设备的包装箱中，可以缓冲运输中受到的震动，保护仪器设备免受破损；在海水养殖中，浮力球就是泡沫塑料做的；在救生衣中，也用泡沫塑料；在工程建设中，特别是在房屋建设中，泡沫塑料是必不可少的隔音保温材料。高发泡的聚苯乙烯可用于金属铸造。开孔的泡沫塑料可做过滤材料，可制造清洗用具。低发泡的塑料在某些场合可代替木材做结构材料。当然，像做床垫的海绵材料，同样可以做鞋垫和仪器设备的包装运输材料。由此可见，泡沫塑料的用途是非常广泛的。

14. 功能塑料。在塑料这个大家族中，有结构塑料，也有功能塑料，它们各以其所具有的特殊性能和用途而十分引人注目。这里试举以下几种：

工程塑料。当前，无论是在机械、电子、仪器仪表行业，还是航空、国防尖端技术领域，都使用了大量的工程塑料制品，用它来代替金属材料。与金属材料相比，工程塑料具有重量轻、耐腐蚀、耐磨损、成型加工性好、易着色、易复合等优点。

磁性塑料。它是用磁石粉末和塑料复合而成，它具有比重低、耐冲击强度高、成型收缩率小、磁力控制容易等优点，可制成各种复杂形状，广泛用于电脑、信息和通信等高技术领域。

生物塑料。在医学领域里，现在已经广泛使用用生物塑料制作的人造皮肤、血管、骨骼、关节韧带等人造器官，给病人带来了福音。生物塑料的开发和应用，还为食品包装和环境保护带来了新的革命。

血　管

　　血管是生物运送血液的管道，依运输方向可分为动脉、静脉与微血管。动脉从心脏将血液带至身体组织，静脉将血液自组织间带回心脏，微血管则连接动脉与静脉，是血液与组织间物质交换的主要场所。各种生物所拥有的血管形态各不相同。开放式循环生物，如昆虫，只有动脉，血液自动脉流出直接接触身体组织，再由心脏上的开孔回收血液。闭锁式循环生物，如哺乳类、鸟类、爬虫类、鱼类，则由动脉连接微血管再连接静脉，最后回归心脏。

　　记忆塑料。它和记忆合金一样具有恢复原来形状的能力，它比记忆合金更能承受剧烈的变形，成本更低。用记忆塑料制作的放入热水中即可恢复原状的便携式野餐杯等，受到了旅游者的热烈欢迎。

　　15. 可降解塑料。20 世纪 80 年代，意大利的一位市长张榜宣告：该城将禁止使用包装用的塑料袋和塑料瓶。接着，丹麦宣布完全停止生产聚氯乙烯塑料（制造塑料袋的主要材料），德国禁止使用塑料包装，瑞士和奥地利将出台有关法规，意大利已实行塑料袋生态税……一场反对和禁止使用塑料包装的浪潮已在世界各国兴起。这是消除白色污染、保护生态环境、造福子孙后代的大事，已引起人们的普遍重视。

　　使用塑料食品袋或泡沫塑料饭盒对人体健康会产生不利影响，这已为科学家所证实。因为用塑料制品密封包装食物时，塑料释放出来的有害气体将在密封袋或盒中长期积聚，浓度也随着密封时间的增加而升高，从而使食物受到不同程度的污染。因此，塑料薄膜不能用来包装奶酪和熟肉等高脂肪食品，更不能用来包装温度很高的熟食品。实际调查表明，从 1987 年以来，人们对塑料食品包装物中所含的化学物质的摄入量呈大幅度增加趋势。更使人们担忧的是，塑料被丢弃到自然界后需经过 200 年才会分解。由于它不吸水，破坏土壤结构，因而对土地资源是个严重威胁，而野生动物误食塑料袋还会造成死亡。不仅如此，塑料还是白色污染源之一。每当大风刮起，人们就会看到废弃塑料袋和塑料饭盒满地滚动，随风飞舞，污染环境。

废弃的塑料包装耐酸耐碱，不蛀不霉，把它埋入地下上百年也不会腐烂，已经成为严重的公害。面对这种危害日益加剧的情况，美国一些州于20世纪80年代中期立法规定食品包装物和容器必须使用可降解的塑料制造，以便使那些流失的塑料能在较简单的自然和人工条件下腐烂掉。与此同时，许多国家的科学家也都在积极研究开发容易分解和腐烂的可降解塑料，以消除不断蔓延的白色污染。塑料之所以难以腐烂，是因为它本身的化学结构。普通的合成塑料是由不断重复的碳氢分子长链组成的，这些长链结合得十分牢固。因而使得许多溶液和微生物对它无计可施，束手无策。

因此，科学家们长期以来就想寻找一种既可减弱塑料分子长链的牢固性，又不降低塑料本身强度的办法。经过不断的努力，目前已出现了这样几种类型的可降解塑料，如生物降解塑料、化学降解塑料和光照降解塑料等。

生物降解塑料粒子

生物降解塑料是一种能被土壤中的微生物和酶分解掉的塑料，也就是像植物一样能自然腐败的合成物。通常，最简单的办法是在塑料中添加淀粉，以削弱和破坏分子长链的结合力，使其达到微生物能消化分解的程度，最后将它分解成水和二氧化碳。

美国农业部采用的方法是在塑料中加入40%～50%的凝胶状淀粉；而美国另一家公司则加入经有机硅耦联剂处理后的淀粉和少量玉米油不饱和脂肪酸作为氧化剂。这些塑料在堆肥条件下经过3～5年后才能分解。显然，它们的成本高、降解期长，难以普遍使用。美国林业部研制的可降解塑料，是在塑料中添加有淀粉的聚乙内酰胺。这种塑料曾用来制作树苗保护套，移苗时连同树苗一起埋入土内，第二年树苗根部生长时，塑料套即在土中溶解掉。看来，这种可降解塑料的使用效果还是不错的。美国氰腈公司制成一种可降解塑料手术线，这种聚乙醇酸盐线在人体内3个月后消失，变成水和二氧化碳，在土壤中消失得更快。然而，这些材料的成本太高，已是普通塑料价格的 30 倍左右。因此，科学家们正在利用像谷壳、木浆纤维素等天然废料来研究开发生物降解塑料，以便降低生产成本。

韩国则另辟蹊径，利用遗传工程大批量生产可完全分解的塑料。韩国科学技术院生物工程研究中心采用遗传基因再组合的方式，以大肠杆菌生产出高分子塑料，这种塑料在自然界里能完全分解，并已在英国、德国和日本等国作为一次性包装袋和医疗用材料使用。但是，它的价格过高，达 1 千克 16 ~ 20 美元，因此没有得到普及。人们已对这种生产方法进行改进，有可能使价格降低到 1 千克 4 美元。这种塑料的具体生产方法是：从生产效率高的高分子细菌中得到高分子遗传基因，移植到大肠杆菌中，待大肠杆菌大量繁殖后，再把大肠杆菌所聚积的高分子分离出来，用来制造塑料。在生产中起初大肠杆菌变得很长，后来利用遗传工程解决了这个问题。现在，利用廉价的原料就可以生产出效能很高的可分解的塑料了。

拓展阅读

脂肪酸

脂肪酸是指一端含有一个羧基的长的脂肪族碳氢链，是有机物。低级的脂肪酸是无色液体，有刺激性气味，高级的脂肪酸是蜡状固体，无可明显嗅到的气味。脂肪酸在有充足氧供给的情况下，可氧化分解为 CO_2 和 H_2O，释放大量能量，因此脂肪酸是机体主要能量来源之一。

生产化学降解塑料，通常加入的是由淀粉包裹的能促进降解的聚合物和玉米油一类的氧化剂，因而成本较低。用这种塑料制成的包装物被埋在土里后，细菌会吃掉其中的淀粉，剩下千疮百孔的网状物。随后，塑料中的氧化剂与土壤里的盐和水发生作用，产生氧化物，对残留在塑料中的分子链进行破坏。在理想的情况下，半年左右塑料就会分解成粉末状，几年后完全分解，完成化学降解过程。

光照降解塑料中含有能吸收阳光紫外线的羟基，依靠紫外线来破坏塑料中结实顽固的分子链，从而使塑料变脆并分解。现在有些食品包装袋和瓶罐就使用这种塑料制成，它的分解腐烂过程同化学降解塑料一样，也会留下一堆残渣，需要好几年才能完全降解掉。

知识小链接

紫外线

紫外线，也称化学线，是波长比可见光短，但比 X 射线长的电磁辐射，波长范围在 10 纳米至 400 纳米，能量从 3 电子伏特至 124 电子伏特。虽然人眼看不见紫外线，不过大多数人都知道紫外线会导致晒伤，但紫外线还有其他的效应，对人类的健康既有益处也有害处。

需要说明的是，上面所说的这些可降解塑料都要求有适当地分解腐败的环境，如生物降解塑料和化学降解塑料必须埋入土中或沉入水中，才能保证细菌存活，进而完成降解过程。

目前，研究开发可降解塑料的国家主要有美国、英国、日本、韩国等。不过，目前所生产的可降解塑料的成本太高，因而只能限于如手术用线一类特殊用途使用。一些生产可降解塑料的主要化学工业公司正努力将可降解塑料的成本降低，并将这种塑料应用到一次性尿布、伤口绷带等方面。

我国一些城市已开始限制和禁止使用塑料包装袋和一次性饭盒，除了积极开发纸质代用品外，也在研究开发可降解塑料，以便尽快地消除危害环境卫生的白色污染，保障人们身体健康。

16. 奇妙的导电塑料。塑料本来是一种广泛使用的不导电绝缘材料，可是一旦能导电就如虎添翼。20 世纪 80 年代初期，导电塑料还是实验室里的"娇儿"，如今已走向社会大显神通了。

说来有趣，导电塑料是在实验失误中偶然发现的。那是 1970 年的一天，日本筑波大学的白川教授在指导学生做用乙烯气制取聚乙炔的实验时，学生误将比实际需要量多 1000 倍的催化剂加入试剂中，结果得到的不是应得到的黑色聚乙炔粉末，而是一种银光闪闪的薄膜。与其说它是塑料，不如说更像金属。后来，白川教授和美国科学家一起研究这种塑料薄膜，使研究更深一步，经过往塑料中掺入碘后它居然能导电，而且电导率增加了3000万倍。尽管如此，它的导电能力只和金属铅一样，或者说仅是铜和银的1%。不过，塑料从不导电到能导电，本身就令人惊奇了，更不用说它还有着不凡的本领呢！

奇妙的导电塑料

后来，人们在研究中发现，除聚乙炔外，还有一些高分子聚合物如聚苯硫醚、聚吡咯、聚噻吩、聚噻唑等加入掺杂剂后也可成为导电塑料，使导电塑料的成员不断增加，也就更引起人们的注意。

导电塑料的应用，首先是从塑料电池开始的，也是最早从实验室走进市场取得成功的产品。美国科学家布里奇斯通和日本精工埃普森公司合作研制成一种导电塑料电池，这种电池的一个电极是金属锂，另一个电极是聚苯胺导电塑料。它的大小与硬币相似，可以多次反复充电，具有很长的使用寿命，常用作电子计算机的辅助电源。而德国研究开发的一种薄型挠性塑料电池，只有明信片那样大，适合作为手提式工具的电源。

普通电池和早期生产的塑料电池的阴极和阳极是采用不同材料制成的，经过几次充电后，在电极表面容易形成覆膜，使电池效率降低并失效。后来，人们对塑料电池进行了改进，将阴极和阳极改用相同的导电塑料薄膜制作，结果经过多次充电和放电后，电极依然完好如初，而且充电次数可达1000以上。实际使用表明，塑料电池不仅体积小、重量轻、使用方便，而且能提供相当于普通铅蓄电池10倍的电力。

对塑料电池最感兴趣的当属汽车工业。因为人们早就希望用蓄电池作动力来代替污染严重的内燃机。然而，普通的蓄电池车由于太笨重和性能不可靠而无法推广使用，只能在车间或码头、车站承担短途运输任务。塑料电池问世后情况就大不一样了，它小巧灵活，可以制成薄板状装在汽车的车顶或车门夹层里，而在汽车内的发动机位置上只需装一台高效的电动机，便可使汽车的加速性能和爬坡性能大大改善。此外，塑料电池是密封的，不会释放有害的化学物质和气体，因而这种蓄电池车是一种无公害的小汽车，有利于人体健康和保护生态环境。

拓展阅读

内燃机

内燃机是将液体或气体燃料与空气混合后，直接输入汽缸内部的高压燃烧室燃烧爆发产生动力的一种机械。它也是将热能转化为机械能的一种热机。内燃机具有体积小、质量小、便于移动、热效率高、启动性能好的特点。但是内燃机一般使用石油燃料，同时排出的废气中含有害气体的成分较高。

导电塑料不仅能制成使用方便的充电塑料电池，而且还可用来制作塑料电容器。它们将广泛用在电子计算机和摄像机、录像机中。如果将导电塑料喷涂在电子仪器和计算机的外壳上，可以吸收电磁辐射的能量，防止电磁干扰，保证计算机和仪器正常工作；若将导电塑料喷涂到军事上急需用的全塑料飞机上，就能消散积聚在飞机上的电荷，避免飞机遭雷击破坏，从而使重量很轻的全塑料飞机早日得到实际应用。

用导电塑料制成的一种特殊薄膜，在太阳光照射下呈透明状，能强烈吸收太阳光中看不见的红外线热量。若将这种薄膜用在汽车上，就能使暴晒在日光下的汽车内凉爽宜人；如果将它用在房间门窗上，可通过薄膜透光能力的变化来控制吸收太阳光的热量，使房间冬暖夏凉，节省大量能源。

导电塑料还有一个特殊性能，这就是当用电化学方法对某些导电塑料掺进杂质和不掺进杂质时，它的体积就能发生膨胀和收缩的变化，因而可用来制作机器人的肌肉。将导电塑料装在机器人的四肢上，当四肢随导电塑料的膨胀和收缩而运动时，就像机器人的肌肉在用力一样。

目前，在欧洲、美国和日本的一些实验室里已制成一系列导电塑料器件，如二极管和晶体管等。由于导电塑料的导电性跨越了绝缘体、半导体和导体三种状态，即它可以是不导电的绝缘体，也可以是半导体或者像金属一样的导体，因而在使用中选择的余地就大，应用面较广。

　　20 世纪 80 年代，法国和丹麦的科学家发现了有机高分子材料在绝对零度下出现的超导现象（即材料中的电阻为零）。如果将来能研究开发出一种在常温下工作的常温超导塑料，那将会给能源和电子部门带来巨大的经济效益。

▶ 天然纤维与天然橡胶

◎ 什么是天然纤维

　　天然纤维是自然界原有的或经人工培植的植物上、人工饲养的动物上直接取得的纺织纤维，是纺织工业的重要材料来源。尽管 20 世纪中叶以来合成纤维产量迅速增长，纺织原料的构成发生了很大变化，但是天然纤维在纺织纤维年总产量中仍约占 50%。

　　天然纤维的种类很多，长期大量用于纺织的有棉、麻、毛、丝四种。棉和麻是植物纤维，毛和丝是动物纤维。石棉存在于地壳的岩层中，称矿物纤维，是重要的建筑材料，也可以供纺织使用。棉纤维的

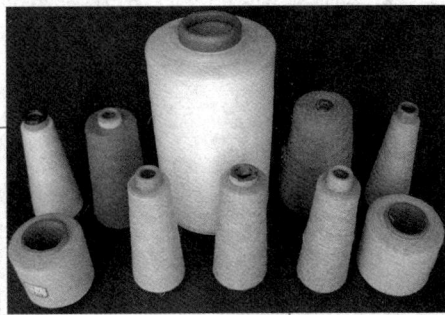

天然纤维的成品

产量最多，用途很广，可供缝制衣服、床单、被褥等生活用品，也可用作帆布和传送带的材料或制成胎絮供保温和做填充材料。麻纤维大部分用于制造包装用织物和绳索，一部分品质优良的麻纤维可供制作服装使用。羊毛和蚕丝的产量比棉和麻少得多，但却是极优良的纺织原料。用毛纤维制成呢绒，用丝纤维制成绸缎，缝制成服装，华丽庄重，深受人们喜爱。在纺织纤维中，只有毛纤维具有压制成毡的性能。毛纤维也是纤制地毯最好的原料。

绸 缎

绸缎是由蚕的蚕茧抽丝后而取得的天然蛋白质纤维，再经过编织而成的纺织品。人们通过养蚕，当蚕结茧成蛹准备羽化成蛾时，将蚕茧放入沸水中煮，并及时抽丝。一个蚕茧可以抽出 800～1200 米的蚕丝。绸缎著名的光泽外表来自于像三棱镜般的纤维结构，这令布料能够以不同的角度折射入射光，并将光线散射出去。在中国，绸缎一词也指代人造的，具有与天然丝绸一样光泽的纺织品。

1. 植物纤维。它的主要组成物质是纤维素，又称为天然纤维素纤维，是由植物上种子、果实、茎、叶等处获得的纤维。根据在植物上成长的部位的不同，分为种子纤维、叶纤维和茎纤维。种子纤维：棉、木棉等；叶纤维：剑麻、蕉麻等；茎纤维：苎麻、亚麻、黄麻等。

2. 动物纤维。它的主要组成物质是蛋白质，又称为天然蛋白质纤维，分为毛发和腺分泌物两类。毛发类：绵羊毛、山羊毛、骆驼毛、兔毛、牦牛毛等；腺分泌物：桑蚕丝、柞蚕丝等。

3. 矿物纤维。它的主要成分是无机物，又称为天然无机纤维，为无机金属硅酸盐类，如石棉纤维。

4. 化学纤维。它是用天然的或人工合成的高分子化合物为原料经化学纺丝而制成的纤维，可分为人造纤维、合成纤维、无机纤维。

5. 人造纤维。它是用纤维素、蛋白质等天然高分子物质为原料，经化学加工、纺丝后处理而制得的纺织纤维。它还可以通过用失去纺织加工价值的纤维原料，经人工溶解或熔融再抽丝而制成，其原始的化学结构不变，纤维成分仍分别为纤维素和蛋白质，而形成的物理结构、化学结构变化的衍生物，组成成分为纤维素醋酸酯纤维。它可分为再生纤维和化学纤维两类。

6. 合成纤维。它是用人工合成的高分子化合物为原料经纺丝加工制得的纤维，可分为普通合成纤维和特种合成纤维两类。普通合成纤维：涤纶、锦纶、腈纶、丙纶、维纶、氯纶等；特种合成纤维：芳纶、氨纶、碳纤维等。

7. 无机纤维。它是以矿物质为原料制成的纤维，如玻璃纤维、金属纤维等。

◎什么是天然橡胶

天然橡胶是指从天然产胶植物中制取的橡胶。市场上出售的天然橡胶主要是由橡胶树的胶乳制得。天然橡胶是一种以聚异戊二烯为主要成分的天然高分子化合物，其成分中91% ~94% 是橡胶烃（聚异戊二烯），其余为蛋白质、脂肪酸、灰分、糖类等非橡胶物质。天然橡胶是应用最广的通用橡胶。

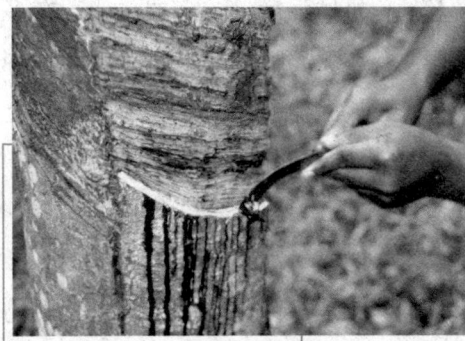

世界上约有 2000 种不同的植物可生产类似天然橡胶的聚合物，已从其中 500 种中得到了不同种类的橡胶，但真正有实用价值的是橡胶树。橡胶树的表面被割开时，树皮内的乳管被割断，胶乳从树上流出。从橡胶树上采集的胶乳，经过稀释后加酸凝固、洗涤，然后压片、干燥、打包，即制得市场上销

从橡胶树上采集胶乳

售的天然橡胶。天然橡胶根据不同的制胶方法可制成烟片、风干胶片、绉片、技术分级橡胶和浓缩橡胶等。

标准橡胶是 20 世纪 60 年代发展起来的天然橡胶新品种。以前，通用的

烟片、绉片、风干胶片这几种传统产品不论在分级方法、制造方法上都束缚了天然橡胶的发展。因此，马来西亚于1965年开始实行标准橡胶计划，在使用生胶理化性能分级的基础上发展了标准橡胶的生产。标准橡胶是指按杂质含量、塑性保持率、塑性初值、氮含量、灰分含量、颜色指数等理化性能指标进行分级的橡胶。标准橡胶包装也比较先进，一般用聚乙烯薄膜包装，并有鲜明的标志，包的重量较小，易于搬动。马来西亚包装重为33.3千克，我国规定为40千克。标准橡胶的分级较为科学，所以这种分级方法很快为各主要天然橡胶生产国以及国际标准化机构所接受，并先后制定了标准橡胶的分级标准。这些标准大体相同，但又不完全一致。

1. 自然属性。通常我们所说的天然橡胶，是指从橡胶树上采集的天然胶乳，经过凝固、干燥等加工工序而制成的弹性固状物。天然橡胶是一种以聚异戊二烯为主要成分的天然高分子化合物，还含有少量的蛋白质、脂肪酸、糖分及灰分等。

拓展阅读

烃

烃是仅由碳和氢两种元素组成的有机化合物，又称为碳氢化合物。它和氯气、溴蒸气、氧等反应生成烃的衍生物，饱和烃不与强酸、强碱、强氧化剂反应，但不饱和烃可以被氧化或者和卤化氢发生加成反应。如甲烷和氯气在见光条件下反应生成一氯甲烷、二氯甲烷、三氯甲烷（氯仿）和四氯甲烷等衍生物。在烃分子中碳原子互相连接，形成碳链或碳环状的分子骨架；一定数目的氢原子连在碳原子上，使每个碳原子保持四价。

天然橡胶的物理特性。天然橡胶在常温下具有较高的弹性，稍带塑性，具有非常好的机械强度，滞后损失小，在多次变形时生热低，因此其耐屈挠性也很好，并且因为是非极性橡胶，所以电绝缘性能良好。

天然橡胶的化学特性。因为有不饱和双键，所以天然橡胶是一种化学反应能力较强的物质，光、热、臭氧、辐射、屈挠变形和铜、锰等金属都能促进橡胶的老化，不耐老化是天然橡胶的致命弱点，但是，添加了防老剂的天然橡胶，有时在阳光下曝晒 2 个月依然看不出多大变化，在仓库内贮存 3 年后仍可以照常使用。

　　天然橡胶的耐介质特性。天然橡胶有较好的耐碱性能，但不耐浓强酸。由于天然橡胶是非极性橡胶，只能耐一些极性溶剂，而在非极性溶剂中则溶胀，因此，其耐油性和耐溶剂性很差，一般说来，烃、卤代烃、二硫化碳、醚、高级酮和高级脂肪酸对天然橡胶均有溶解作用，但其溶解度则受塑炼程度的影响，而低级酮、低级酯及醇类对天然橡胶则是非溶剂。

　　2. 分类及质量标准。天然橡胶按形态可以分为两大类：固体天然橡胶（胶片与颗粒胶）和浓缩胶乳。在日常使用中，固体天然橡胶占了绝大部分的比例。

　　胶片按制造工艺和外形的不同，可分为烟片胶、风干胶片、白绉片、褐绉片等。烟片胶是天然橡胶中最具代表性的品种，一直是用量大、应用广的一个胶种，烟片胶一般按外形来分级，分为特级、一级、二级、三级、四级、五级，达不到五级的则列为等外胶。

　　标准橡胶是按国际上统一的理化效能、指标来分级的，这些理化性能包括杂质含量、塑性初值、塑性保持率、氮含量、挥发物含量、灰分含量及颜色指数等七项，其中以杂质含量为主导性指标，依杂质多少分为 5L、5、10、20 及 50 等五个级别。

　　3. 主要用途。由于天然橡胶具有上述一系列物理、化学特性，尤其是其优良的回弹性、绝缘性、隔水性及可塑性等特性，并且经过适当处理后还具有耐油、耐酸、耐碱、耐热、耐寒、耐压、耐磨等宝贵性质，所以具有广泛用途。例如日常生活中使用的雨鞋、暖水袋、松紧带，医疗卫生行业所用的外科医生手套、输血管、避孕套，交通运输上使用的各种轮胎，工业上使用的传送带、运输带、耐酸和耐碱手套，农业上使用的排灌胶管、氨水袋，气象测量用的探空气球，科学试验用的密封、防震设备，国防上使用的飞机、坦克、大炮、防毒面具，甚至连火箭、人造地球卫星和宇宙飞船等高精尖科学技术产品都离不开天然橡胶。目前，世界上部分或完全用天然橡胶制成的物品已达 7 万种以上。

◎ 天然橡胶的历史

橡胶树

1492 年，远在哥伦布发现美洲大陆以前，中美洲和南美洲的当地居民已开始利用天然橡胶了。

直到 1736 年，法国才在世界上首次报道有关橡胶的产地、采集胶乳的方法和橡胶在南美洲当地的利用情况，使欧洲人开始认识天然橡胶，并进一步研究其利用价值。

此后又经过了 100 多年，直到 1839 年美国人古德伊尔发现了在橡胶中加入硫黄和碱式碳酸铅，经加热后制出的橡胶制品遇热或在阳光下曝晒时，不再像以往那样易于变软和发黏，而且能保持良好的弹性，从而发明了橡胶硫化，至此，天然橡胶才真正被确认其特殊的使用价值，成为一种重要的工业原料。

1888 年，英国人邓洛普发明了充气轮胎，促使汽车轮胎工业飞速发展，因而导致耗胶量急剧上升。

1876 年，英国人威克姆从巴西亚马孙河口采集橡胶种子，运回英国皇家植物园播种，并在锡兰（现在的斯里兰卡）、印度尼西亚、新加坡试种，均取得成功。从此，栽培橡胶业发展非常迅速。

新中国成立后中国农垦科技工作者通过科学实践，打破了国外近百年来北纬 18°以北是巴西橡胶树种植"禁区"的定论，成功地在北纬 18°至北纬 24°的广大地区种植巴西橡胶树，并获得较高的产量。1996 年，我国已成为世界主要天然橡胶生产国之一。

知识小链接

硫 黄

　　硫黄，即硫，是一种化学元素，在元素周期表中它的化学符号是 S，原子序数是 16。硫有许多不同的化合价，常见的有 -2、0、+4、+6 等。在自然界中它经常以硫化物或硫酸盐的形式出现。对所有的生物来说，硫都是一种重要的必不可少的元素，它是多种氨基酸的组成部分，因此它也是大多数蛋白质的组成部分。它主要被用在肥料中，也广泛地被用在火药、润滑剂、杀虫剂和抗真菌剂中。

◆ 神奇的材料——气凝胶

　　最近英国科学家表示，他们研发出的一种神奇材料将改变整个世界，因为这种材料可以用来保护住宅避免炸弹袭击，也可以吸收原油溢出，甚至还可以用作探测火星时使用的宇宙太空服。这种神奇的材料就是气凝胶。

◎ 最轻固体用途广泛

　　气凝胶，是地球上最轻的固体，可以抵挡 1 千克炸药直接爆炸的力量且能经受超过 1300℃ 的高温喷射。目前，科学家正在研究这种物质新的应用领域，包括下一代网球球拍到人类登陆火星穿的超级绝缘太空服。

　　可以说，气凝胶的重要性将有望并列于前一代的神奇材料。比如

神奇的材料——气凝胶

20 世纪 30 年代的酚醛塑料、20 世纪 80 年代的碳纤维和 20 世纪 90 年代的硅树脂。美国西北大学的化学教授莫科瑞·卡纳茨迪斯称，"这是一种神奇的材料，它的密度是人类现今发现的材料中最低的，同时还具有许多用途。我能看到，气凝胶将会应用于过滤污染水、绝缘高温等方面"。

气凝胶，也被人们称为"冰烟"，是将硅胶快速萃取出水分，随后与二氧化碳替换而成。因此，气凝胶能抵抗高温和吸收类似原油的污染物质。

◎ 美国宇航局广泛应用

气凝胶是美国化学家于 1931 年研制的。由于早期版本的气凝胶脆弱且昂贵，因此最初研制的气凝胶仅供实验室研究。直到几十年之后，美国宇航局开始对这种材料感兴趣，这一物质也因此变得越来越实用。

1999 年，美国宇航局的"星尘"号飞船正带着气凝胶在太空中执行一项十分重要的使命——收集彗星微粒。2006 年，"星尘"号飞船已带着人类获得的第一批彗星星尘样品返回地球。

基本小知识

彗 星

彗星，又称"扫帚星"，是一种天体，由太阳系外围行星形成后所剩余的物质（如冰冻的气体、冰块、尘埃）组成。彗星质量很小，只有地球质量的几千亿分之一，通常沿着扁平的轨道围绕太阳运行，绕行一周所需的时间由几年至几百万年不等。人类历史上第一个被观测到周期性围绕太阳运行的彗星是"哈雷彗星"。

2002 年，美国宇航局创立的一家公司推出了更坚固、更柔韧的气凝胶版本。现在这种物质已经用来放置在太空服当中，充当隔热里衬，这种新的太空服将用于 2018 年人类飞向火星的探索计划当中。该公司资历较深的科学家马克·克拉耶夫斯基认为："18 毫米厚的一层气凝胶将足够保护宇航员抵御 −130℃ 的低温。"

◎ 抵挡炸药直接冲击

同时，气凝胶也正在被试验用于未来的房屋防弹设备和军用车辆的装甲。科学家已经在实验室研制出了一块镀了 6 毫米厚的气凝胶金属板，并能成功抵挡炸药直接爆炸的力量而没有任何破坏。

➤ 浅谈有机玻璃

有机玻璃是一种通俗的名称，从这个名称看，你未必能知道它是一种什么样的物质，也无从知道它是由什么元素组成的。这种高分子透明材料的化学名称叫聚甲基丙烯酸甲酯，是由甲基丙烯酸甲酯聚合而成的。

◎ 有机玻璃的性能

1. 材料。有机玻璃的化学名称叫聚甲基丙烯酸甲酯，是由甲基丙烯酸甲酯聚合成的高分子化合物。

2. 应用。有机玻璃不仅在商业、轻工、建筑、化工等方面应用广泛，而且在有机玻璃制作、广告装潢、沙盘模型上应用也十分广泛，如：标牌、广告牌、灯箱的面板和中英字母面板。

彩色有机玻璃板

选材要取决于造型设计，什么样的造型，用什么样的有机玻璃、色彩、品种都要反复考量，使之达到最佳效果。有了好的造型设计，也要靠精心的加工制作，才能成为一件优美的工艺品。

3. 特点。有机玻璃表面光滑，色彩艳丽，比重小，强度较大，耐腐蚀，耐湿，耐晒，绝缘性能好，隔声性好。

4. 形状。有机玻璃可分管形材、棒形材、板形材三种。

5. 种类。有机玻璃可分四种：

无色透明有机玻璃，是最常见、使用量最大的有机玻璃材料。

广角镜

荧光粉

荧光粉，通常分为光致储能夜光粉和带有放射性的夜光粉两类。光致储能夜光粉是荧光粉在受到自然光、日光灯光、紫外光等照射后，把光能储存起来，在停止光照射后，再缓慢地以荧光的方式释放出来，所以在夜间或者黑暗处，仍能看到发光，持续时间可长达十几小时。带有放射性的夜光粉是在荧光粉中掺入放射性物质，利用放射性物质不断发出的射线激发荧光粉发光，这类夜光粉发光时间很长，但因为有毒有害和环境污染等问题，所以应用范围小。

有色透明有机玻璃，俗称彩板，透光柔和，用它制成的灯箱、工艺品，使人感到舒适大方。有色的有机玻璃一般分透明有色、半透明有色、不透明有色三种。有色透明有机玻璃光泽不如珠光有机玻璃鲜艳，质脆、易断，适于制作表盘、医疗器械和人物、动物的造型材料。

珠光有机玻璃，是在一般有机玻璃中加入珠光粉或荧光粉做成。这类有机玻璃色泽鲜艳，表面光洁度高，外形经模具热压后，即使磨平抛光，仍保持模压花纹，形成独特的艺术效果。用它可制作人物、动物造型，商标、装饰品及宣传展览材料。

压花有机玻璃，分透明、半透明无色，质脆，易断，适于制作装饰材料。

◎ 有机玻璃的诞生和发展

1927 年，德国罗姆－哈斯公司的化学家在两块玻璃板之间将丙烯酸酯加热，丙烯酸酯发生聚合反应，生成了黏性的橡胶状夹层，可用作防破碎的安全玻璃。当他们用同样的方法使甲基丙烯酸甲酯聚合时，得到了透明度好、其他性能良好的有机玻璃板，它就是聚甲基丙烯酸甲酯。

1931 年，罗姆－哈斯公司建厂生产聚甲基丙烯酸甲酯。它首先在飞机工业得到应用，取代了赛璐珞塑料，用作飞机座舱罩和挡风玻璃。

　　如果在生产有机玻璃时加入各种染色剂，就可以聚合成为彩色有机玻璃；如果加入荧光剂（如硫化锌），就可聚合成荧光有机玻璃；如果加入人造珍珠粉（如碱式碳酸铅），则可制得珠光有机玻璃。

◎ 有机玻璃的特性

　　1. 高度透明性。有机玻璃是目前最优良的高分子透明材料，透光率达92%，比玻璃的透光度还要高。太阳灯的灯管是石英做的，这是因为石英能完全透过紫外线，普通玻璃只能透过 0.6% 的紫外线，但有机玻璃却能透过 73%。

　　2. 机械强度高。有机玻璃的相对分子质量大约为 200 万，是长链的高分子化合物，而且形成分子的链很柔软，因此，有机玻璃的强度比较高，抗拉伸和抗冲击的能力比普通玻璃高 7 ~ 18 倍。有一种经过加热和拉伸处理过的有机玻璃，其中的分子链段排列得非常有次序，使材料的韧性有显著提高。用钉子钉进这种有机玻璃，即使钉子穿透了，有机玻璃上也不产生裂纹。这种有机玻璃被子弹击穿后同样不会破成碎片。因此，拉伸处理过的有机玻璃可用作防弹玻璃，也可用作军用飞机上的座舱盖。

　　3. 重量轻。有机玻璃的密度为 1.18 千克/厘米^3，同样大小的材料，其质量只有普通玻璃的一半，金属铝（属于轻金属）的43%。

　　4. 易于加工。有机玻璃不但能用车床进行切削，钻床进行钻孔，而且能用丙酮、氯仿等黏结成各种形状的器具，也能用吹塑、注射、挤出等塑料成型的方法加工成大到飞机座舱盖、小到假牙和牙托等形形色色的制品。

◎ 有机玻璃的用途

　　有机玻璃具有以上优良性能，使它的用途极为广泛。有机玻璃除了在飞机上用作座舱盖、风挡和弦窗外，也用作吉普车的风挡和车窗、大型建筑的天窗（可以防破碎）、电视和雷达的屏幕、仪器和设备的防护罩、电子仪表的外壳、望远镜和照相机上的光学镜片。

望远镜

望远镜是一种利用凹透镜和凸透镜观测遥远物体的光学仪器。它利用通过透镜的光线折射或光线被凹镜反射使物体进入小孔并会聚成像，物体再经过一个放大目镜而被看到。1608 年，荷兰人汉斯·利伯希发明了第一部望远镜。1609 年，意大利佛罗伦萨人伽利略·伽利雷发明了 40 倍双镜望远镜，这是第一部投入科学应用的实用望远镜。

用有机玻璃制造的日用品琳琅满目，如用珠光有机玻璃制成的纽扣，各种玩具、灯具也都因为有了彩色有机玻璃的装饰作用，而显得格外美观。

有机玻璃在医学上还有一个绝妙的用处，那就是制造人工角膜。如果人眼的透明角膜长满了不透明的物质，光线就不能进入眼内。这就是角膜白斑病引起的失明，而且这种病无法用药物治疗。

于是，医学家设想用人工角膜代替长满白斑的角膜。所谓人工角膜，就是用一种透明的物质做成一个直径只有几毫米的镜柱，然后在人眼的角膜上钻一个小孔，把镜柱固定在角膜上，光线通过镜柱进入眼内，人眼就能重见光明。

早在 1771 年就有眼科医生用光学玻璃做成镜柱，植入角膜，但并未获得成功。后来，用水晶代替光学玻璃，也只用了半年就失效了。但用有机玻璃制造人工角膜，它的透光性好，化学性质稳定，对人体无毒，容易加工成所需形状，能与人眼长期相容。现在用有机玻璃做的人工角膜已经普遍用于临床。

◎ 为什么有机玻璃与普通玻璃不一样

有机玻璃与普通玻璃看来像是一家人，事实上它们是完全不相同的两家。普通玻璃的"父亲"是硅酸盐，但有机玻璃的"父母"却是丙酮、甲醇、硫酸以及氰化氢。

硫　酸

硫酸，化学式为 H_2SO_4，是一种无色无味油状液体，是一种高沸点难挥发的强酸，易溶于水，能以任意比与水混溶。硫酸是基本化学工业中重要产品之一。它不仅作为许多化工产品的原料，而且还被广泛地应用于其他的国民经济部门。硫酸是化学六大无机强酸（硫酸、硝酸、盐酸、氢溴酸、氢碘酸、高氯酸）之一，也是所有酸中最常见的强酸之一。

有机玻璃的真名字叫作聚甲基丙烯酸甲酯。这个名字念起来相当别扭，因为它是人工合成的一种高分子聚合物，因此人们笼统地把它叫作有机玻璃。

有机玻璃"性格"一般比普通玻璃倔强得多。它的密度尽管比普通玻璃小一半，但不像玻璃那样容易破碎。它的透明度十分好，晶莹剔透，并且具有很好的热塑性，把它加热，就能任意把它塑成玻璃棒、玻璃管或玻璃板，正由于它有惹人喜爱的"外貌"以及"性格"，所以它的用途很广。

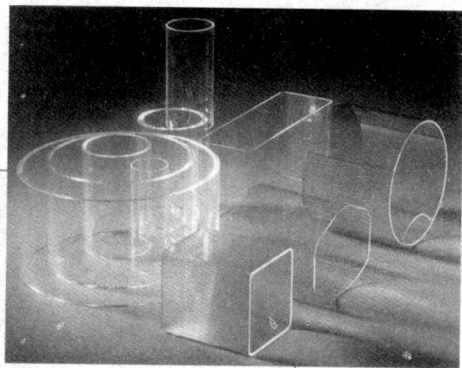

晶莹剔透的有机玻璃管

喷气式飞机在云端高速飞行时，经常会遇到温度的突变和气流的压力等特别情况，这对飞机座舱的窗玻璃就是严峻的考验。

谁可以经受这种考验呢？有机玻璃。假如是战斗机，在追击敌人时，有机玻璃被子弹打中，它也不会整块破裂，而只穿一小孔，这样就不会再发生类似玻璃碎片伤人的事故。

普通玻璃的厚度超过15厘米，就会变成翠绿一片，并且隔着玻璃没法看清东西。有机玻璃隔着1米厚，还可以清晰地看清对面的东西。因为它的透光性能相当好，再加上紫外线也可以穿透，所以常用来制造光学仪器。

有机玻璃另外有一个令人惊异的性能：一条弯曲的有机玻璃棒，只要弯度小于48°，光线就可以沿着它，像水通过水管一样投射过来。光线可以走弯路，多么有趣！利用这个绝技，它就变成了制造一些外科仪器的重要材料。

有机玻璃既轻巧，又坚韧，化学性质又相当稳定，并且具有很好的热塑性，因此它的用途十分广泛。

◎ 泡沫玻璃是怎么回事

奇特的泡沫玻璃

通常我们看到的玻璃，如窗玻璃等总是希望没有气孔的。而这里所说的玻璃却正好相反，有意做成有气孔的，这就是泡沫玻璃，也就是多孔玻璃。

泡沫玻璃内部要求充满气孔，这些气孔应当只有很小的开口，最好都是闭口的气孔；气孔与气孔之间不能互相通气；气孔不能大的大、小的小，而要均匀一致；按体积计算，要求气孔占泡沫玻璃总体积的90%以上。

泡沫玻璃的制造原理很简单，即把玻璃粉与碳酸钙或碳等发泡剂混合起来，放在耐热的模子里烧结，这时碳酸钙就会产生出二氧化碳气体。它们就留在熔化了的玻璃中，待退火后，这件泡沫玻璃制品就算制成了。这种烧结方法，叫粉末法。

泡沫玻璃有很多种类，根据划分原则不同而不同，如根据基础原料分，有普通泡沫玻璃、石英泡沫玻璃和熔岩泡沫玻璃；根据气孔的特点分，有闭口气孔泡沫玻璃和开口气孔泡沫玻璃；根据用途分，又可分为隔热泡沫玻璃和吸声泡沫玻璃。

泡沫玻璃的特点是导热系数小、强度高、质量轻、耐腐蚀、不怕冻、不怕烧，也比较容易加工。

泡沫玻璃的用途相当广泛。闭口气孔多的泡沫玻璃隔热性能好，是一种物美价廉的轻型保温材料。开口气孔多的泡沫玻璃吸声性能好，可用于防止噪声干扰的场合。此外，泡沫玻璃还可以用作过滤材料，也可以在化学反应中用作催化剂的载体材料。目前，它已在建筑、建材、冶金、化工、石油、造船和国防工业等方面得到广泛应用。

◔ 超薄型超导薄膜是什么

最近，日本超导工学研究所宣布制成了一种超薄型超导薄膜，它的厚度只有35埃。我们知道，埃是很小的长度单位。用我们熟悉的毫米作单位，1埃只有亿分之一毫米。可见，35埃厚的薄膜，其薄的程度同样使人难以想象。

这种超薄型超导薄膜究竟是怎样制成的呢？这种材料的主要成分是铋、锶、钙和铜的氧化物，属于铋系列超导薄膜。据说，以前见诸报道的铋系列超导薄膜中最薄的，其厚度都在200埃以上，这次研制成功的新薄膜的厚度，只有它的1/3。幸运的是，35埃是这种铋系列超导薄膜的最薄厚度。如果再小于这个厚度，这种材料就将不再具备在临界温度－209.15℃时呈现超导状态的能力，也就是说，35埃是这种材料最薄的极限。显然，这个35埃的厚度不是偶然出来的，而是特意得到的厚度。

埃

埃，符号Å，是一个长度单位。它不是国际制单位，但是可与国际制单位进行换算，即 $1 Å = 10^{-10}$ 米 $= 0.1$ 纳米。它一般用于原子半径、键长和可见光的波长。譬如，原子的平均直径在 0.5 埃（氢）和 3.8 埃（铀，最重的天然元素）之间。它还被广泛应用于结构生物学。埃这个单位是为了纪念瑞典科学家安德斯·埃格斯特朗而命名的。埃格斯特朗是光谱学的创始人之一，他为太阳光谱的辐射波长制作了谱图，以 10^{-10} 米为单位。

原来这种超薄型铋系列超导薄膜是用有机金属化学气相生成法制造的。这种薄膜的基板是氧化镁。在制造时，所要制造的超导薄膜就在这个基板上慢慢生成。研究人员小心翼翼，设法控制薄膜生成的速度，让它始终保持在每分钟增厚 3 埃的水平上，这样，大约经过 12 分钟后，薄膜的生长过程停止，这时，薄膜的厚度正好长到 35 埃。据说，由于这种有机金属化学气相生成法所进行的速度本身比较慢，所以研究人员容易控制薄膜的生成速度，所以才能创造这种"擦边"的奇迹。

目前，这种超薄型超导薄膜的实验室成果刚刚产生，至于在工业上如何实现批量生产，还得经过艰苦的努力。由于这种薄膜可以制作双极型半导体等超导器件，估计研究人员会不畏艰险去攻克这最后一道难关。

▶ 电阻为零的材料——超导材料

1911 年，荷兰物理学家昂尼斯（1853～1926）发现，水银的电阻率并不像预料的那样随温度降低逐渐减小，而是当温度降到 -269℃ 左右时，水银的电阻突然降到零。某些金属、合金和化合物，在温度降到绝对零度附近某一特定温度时，它们的电阻率突然减小到无法测量的现象叫作超导现象，能够发生超导现象的物质叫作超导体。超导体由正常态转变为超导态的温度称为这种物质的转变温度（或临界温度）。现已发现大多数金属元素以及数以千计的合金、化合物都在不同条件下显示出超导性。如钨的转变温度为 – 273.138℃，锌为 –272.4℃，铝为 – 271.954℃，铅为 –265.957℃。

超导体得天独厚的特性，使它可能在各种领域得到广泛的应用。但由于早期的超导体存在于液氦极低温度条件下，极大地限制了超导材料的应用。人们一直在探索高温超导体，1911 ~ 1986 年，75 年间从水银的 –269℃ 提高到铌三锗的 –249.93℃，才提

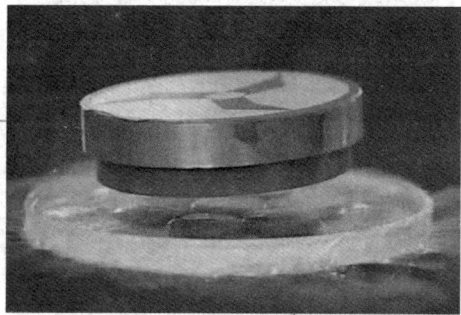

钨

钨是化学元素，化学符号是 W，原子序数是 74，非常硬，呈钢灰色至白色。含有钨的矿物有黑钨矿和白钨矿等。钨的物理特征非常强，尤其是熔点非常高，是所有非合金金属中最高的。纯钨主要用在电器和电子设备中，其化合物和合金也用在许多其他地方（最常见的有灯泡的灯丝，在 X 射线管中以及在高温合金中也有钨使用）。

高了约 19℃。

1986 年，高温超导体的研究取得了重大的突破，掀起了以研究金属氧化物陶瓷材料为对象，以寻找高临界温度超导体为目标的"超导热"。当时，全世界有 260 多个实验小组参加了这场竞赛。

1986 年 1 月，美国国际商用机器公司设在瑞士苏黎世实验室的科

电阻为零的材料——超导材料

学家柏诺兹和缪勒首先发现钡镧铜氧化物是高温超导体，将超导温度提高到 –243.15℃；紧接着，日本东京大学工学部又将超导温度提高到 –236.15℃；12 月 30 日，美国休斯敦大学宣布，美籍华裔科学家朱经武又将超导温度提高到 –232.95℃。

1987 年 1 月初，日本川崎国立分子研究所将超导温度提高到 –230.15℃；不久日本综合电子研究所又将超导温度提高到 –227.15℃ 和 –220.15℃；中国

科学院物理研究所由赵忠贤、陈立泉领导的研究组，获得了 – 224.55℃的锶镧铜氧系超导体，并看到这类物质有在 – 203.15℃发生转变的迹象；2 月 15日，美国报道朱经武、吴茂昆获得了 – 175.15℃超导体；2 月 20 日，中国也宣布发现 – 173.15℃以上超导体；3 月 3 日，日本宣布发现 – 150.15℃超导体；3 月 12 日，中国北京大学成功地用液氮进行超导磁悬浮实验；3 月 27日，美国华裔科学家朱经武又发现在氧化物超导材料中有转变温度为 – 33.15℃的超导迹象。高温超导体的巨大突破，以液态氮代替液态氦做超导制冷剂获得超导体，使超导技术走向大规模开发应用。氮是空气的主要成分，液氮制冷机的效率比液氦至少高 10 倍，所以液氮的价格实际仅相当于液氦的 1/100。液氮制冷设备简单，因此，现有的高温超导体虽然还必须用液氮冷却，但却被认为是 20 世纪科学史上最伟大的发现之一。

那么，什么是超导材料呢？它是指在一定的低温条件下呈现出电阻等于零以及排斥磁力线的性质的材料。现已发现有 28 种元素和几千种合金和化合物可以成为超导体。

超导材料和常规导电材料的性能有很大的不同，主要有以下性能：

1. 零电阻性。超导材料处于超导态时电阻为零，能够无损耗地传输电能。如果用磁场在超导环中引发感生电流，这一电流可以毫不衰减地维持下去。这种"持续电流"已多次在实验中观察到。

2. 完全抗磁性。超导材料处于超导态时，只要外加磁场不超过一定值，磁力线不能透

趣味点击　磁悬浮

磁悬浮是一种利用磁的吸引力和排斥力来使物件在空中浮动，而不依靠其他外力的方法。它通过利用电磁力来对抗引力，可以使物件不受引力束缚，从而自由浮动。磁悬浮技术的研究源于德国，早在 1922 年德国工程师赫尔曼·肯佩尔就提出了电磁悬浮原理，并于 1934 年申请了磁悬浮列车的专利。1970 年以后，随着世界工业化国家经济实力的不断加强，为提高交通运输能力以适应其经济发展的需要，德国、日本、美国、加拿大、法国、英国等发达国家相继开始筹划进行磁悬浮运输系统的开发。

入，超导材料内的磁场恒为零。

3. 约瑟夫森效应。两超导材料之间有一薄绝缘层（厚度约 1 纳米），而形成低电阻连接时，会有电子对穿过绝缘层形成电流，而绝缘层两侧没有电压，即绝缘层也成了超导体。当电流超过一定值后，绝缘层两侧出现电压，同时，直流电流变成高频交流电，并向外辐射电磁波。这些特性构成了超导材料在科学技术领域越来越引人注目的各类应用的依据。

超导材料的这些参量限定了应用材料的条件，因而寻找高参量的新型超导材料成了人们研究的重要课题。

超导材料按其化学成分可分为超导元素、合金材料、超导化合物和超导陶瓷。

1. 超导元素：在常压下有 28 种元素具超导电性，其中铌的转变温度最高。

2. 合金材料：超导元素加入某些其他元素作合金成分，可以使超导材料的全部性能提高，如最先应用的铌锆合金。

3. 超导化合物：超导元素与其他元素化合常有很好的超导性能。

4. 超导陶瓷：20 世纪 80 年代初，米勒和贝德诺尔茨开始注意到某些氧化物陶瓷材料可能有超导电性，他们的小组对一些材料进行了试验，于 1986 年在镧－钡－铜氧化物中发现了转变温度为 −238.15℃ 的超导电性。1987 年，中国、美国、日本等国科学家在钡－钇－铜氧化物中发现转变温度处于液氮温区有超导电性，使超导陶瓷成为极有发展前景的超导材料。

超导材料具有的优异特性使它从被发现之日起，就向人类展示了诱人的应用前景。但要实际应用超导材料又受到一系列因素的制约，首先是它的临界参量，其次还有材料制作的工艺等问题（例如脆性的超导陶瓷如何制成柔细的线材就有一系列工艺问题）。

广角镜

加速器

加速器是一种使带电粒子增加速度（动能）的装置。加速器可用于原子核实验、放射性医学、放射性化学、放射性同位素的制造、非破坏性探伤等。粒子增加的能量一般都在 0.1 兆电子伏特以上。加速器的种类很多，有回旋加速器、直线加速器、静电加速器、粒子加速器、倍压加速器等。

到 20 世纪 80 年代，超导材料的应用主要有：①利用材料的超导电性可制作磁体，应用于电机、高能粒子加速器、磁悬浮运输、受控热核反应、储能等；可制作电力电缆，用于大容量输电；可制作通信电缆和天线，其性能优于常规材料。②利用材料的完全抗磁性可制作无摩擦陀螺仪和轴承。③利用约瑟夫森效应可制作一系列精密测量仪表以及辐射探测器、微波发生器、逻辑元件等。利用约瑟夫森结作计算机的逻辑和存储元件，其运算速度比高性能集成电路的快 10 ~ 20 倍，功耗只有 1/4。

对环境敏感的材料——人工鼻

20 世纪 80 年代末，英国曾下起一场特大的暴风雪，一辆在中途抛锚的汽车被困在暴风雪中，等待救援的司机和乘客在严寒的风雪中冻得瑟瑟发抖。为了取暖，司机就用汽车发动机开动暖气，使乘客们不致忍受挨冻之苦，不料，由于燃烧的废气中含有一氧化碳，结果乘客都因煤气中毒而死。这一事故在英国引起了很大的轰动。后来有人说，如果汽车内有一个报警装置，能感受到空气中有一氧化碳存在，及时发出警报，或许这一车人就得救了。

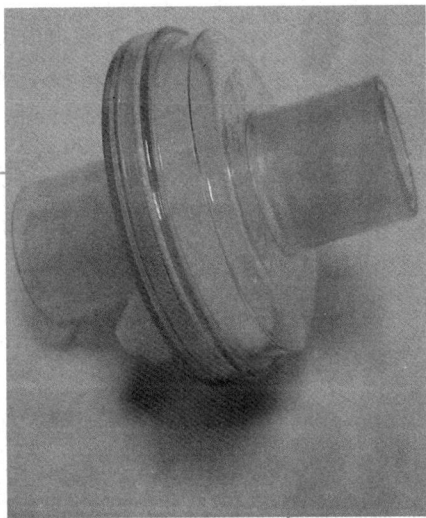

机械人工鼻

1990 年下半年，前苏联的一个马戏团来北京演出，住在离北京火车站不远的北京国际饭店，马戏团招募的一位工作人员也随团住在客房中。这位工作人员有吸烟的习惯，吸烟时随手把未熄灭的火柴梗扔进了一个纸篓里就出去办事去了，结果火柴引着了纸篓，接着引着了地毯，眼看一场火灾就可能出现，幸亏在这座现代化的国际饭店的每个客房内都安装有烟雾报警器，在烟雾弥漫时能发出警铃鸣响。服务人员听到报警铃声，立即提着灭火器冲进烟雾腾腾的客房，一场后果不堪设想的火灾避免了。

原来，在这种烟雾报警器中，有一个类似人的嗅觉系统的烟雾传感器，是用一种叫气敏材料做成的敏感元件制造的。气敏材料有一种本事，当它遇到一氧化碳和烟雾一类的气体时，它的电阻值就立即发生变化，人们利用这个特点，把气敏材料做的烟雾报警传感器装在室内，并和一个报警电路连接起来，这样，只要室内的烟雾在空气中的浓度达到预定的报警线时，电路中的电阻就发生变化，并自动接通报警器，发出声响。现在凡是现代化的大宾馆的客房中都装有烟雾报警器。

英国的运输部门，在出了那次暴风雪中汽车乘客被一氧化碳等废气熏死的惨剧之后，接受了教训，立即委托英国曼彻斯特大学科技学院的研究人员，研制出适合在汽车上使用的人工鼻，这种人工鼻和汽车上的一个报警铃相连，当一氧化碳等有毒气体的浓度达到危险程度时，警铃就会发出声响，告诉司机：危险！

这种人工鼻实际上和烟雾报警器很类似，它是把探测一氧化碳等有毒气体的气敏材料传感器和电子线路集中安装在一个只有指甲大小的硅片上。

1991年初，曼彻斯特大学科技学院终于制造出一种人工鼻，约30厘米长，在试验中证明，这个人工鼻对有些气体的嗅觉，甚至胜过嗅觉非常灵敏的狗和猪。除了可在汽车上使用外，也可以安装在住宅、工厂和其他车辆中，监测有毒的一氧化碳气体可能对人类造成的危害。

1991年初，日本索尼公司也制造出一种能分辨臭味的人造鼻。它的嗅觉灵敏度和反应速度几乎同人鼻一样，只要空

拓展阅读

花生酸

花生酸，是饱和脂肪酸，具有20个碳链。花生酸存在于某些油脂中，含量约1%或更低，花生油含有2.4%的花生酸，呈有光泽的白色片状晶体。花生酸除可从花生油水解分离外，也可由石蜡氧化生成的脂肪酸混合物中分离取得。花生酸主要用于生产洗涤剂、感光材料和润滑剂。

气中有 1/10^9 克的臭味分子，它在 2 秒钟内就能作出反应，这种能模仿活体鼻子识别臭味的人造鼻是世界首创。其中识别臭味的传感器是用花生酸、二十三烷酸和二十三碳烯酸等 5 种有机酸制成的。制造传感器的材料成分不同时，可以分辨不同臭味分子的含量。

电子纸技术方兴未艾

约 2000 年前，中国东汉人蔡伦改进了造纸术，从此世界文明发生了翻天覆地的变化，中国文明借此曾领先世界 1000 余年。今天，电子纸技术又将给人们的生活带来一场怎样的变革呢？

电子纸技术实际上是一类技术的统称。一般把可以实现像纸一样阅读舒适、超薄轻便、可弯曲、超低耗电的显示技术叫作电子纸技术；而电子纸即是这样一种类似纸张的电子显示器，其兼有纸的优点（如视觉感观几乎完全和纸一样等），又可以像我们常见的液晶显示器一样不断转换刷新显示内容，并且比液晶显示器省电得多。电子纸显示长期以来一直是停留在人们头脑中的幻想，但是随着 20 世纪末以来显示技术方面一系列突破性进展，革命性的电子纸显示技术终于开始走向大众实用阶段。

基本小知识

液晶显示器

液晶显示器，或称 LCD，为平面超薄的显示设备，它由一定数量的彩色或黑白像素组成，放置于光源或者反射面前方。液晶显示器功耗很低，因此备受工程师青睐，适用于使用电池的电子设备。它的主要原理是以电流刺激液晶分子产生点、线、面配合背部灯管构成画面。

◎ 电子纸的用途

电子纸的用途相当广泛，第一代产品用于代替常规显示设备，第二代产品包括移动通信和 PDA（掌上电脑）等手持设备显示屏，计划开发的下一代产品定位在超薄型显示器，形成与印刷业有关的应用领域，例如便携式电子书、电子报纸和 IC 卡等，能提供与传统书刊类似的阅读功能和使用属性。长期以来，纸张一直用作信息交换的主要媒介，但图文内容一旦印在纸张上后就不能改变，成为油墨、纸张复制工艺的最大缺点，不能满足现代社会信息快速更新对复制工艺的要求。因此，开发能动态改变的高分辨率显示技术成为人们追求的目标，要求显示材料很薄，可弯曲，

超薄的电子纸

表面结构与纸张类似，从而有条件成为新一代纸张。

电子墨水就属于电子纸科技中的一种。

电子墨水其实是一种新型材料，它是化学、物理学和电子学多学科发展的产物，这种材料可被印刷到任何材料的表面来显示文字或图像信息。

由于电子墨水是一种液态材料，所以被形象地称为电子墨"水"。在这种液态材料中悬浮着成百上千个与人类发丝直径差不多大小的微囊体，每个微囊体由正电荷粒子和负电荷粒子组成。只要采取一定的工艺就能将这种电子墨水印刷到玻璃、纤维甚至是纸介质的表面上，当然这些承载电子墨水的载体也需要经过特殊的处理，在其内针对每个像素构造一个简单的像素控制电路，这样才能使电子墨水显示我们需要的图像和文字。

当微囊体两端被施加一个负电场的时候，带有正电荷的白色粒子在电场的作用下移动到电场负极，与此同时，带有负电荷的粒子移动到微囊体的底部"隐藏"起来，这时表面会显示白色。当相邻的微囊体两侧被施加一个正电场时，黑色粒子会在电场的作用下移动到微囊体的顶部，这时表面就显现为黑色。电子墨水技术可以让任何表面都成为显示屏，它让我们完全跳出了原有显示设备的概念束缚，并慢慢渗透到我们生活空间的每一个角落。

知识小链接

电　场

　　电场是存在于电荷周围能传递电荷与电荷之间相互作用的物理场。在电荷周围总有电场存在；同时电场对场中其他电荷发生力的作用。观察者相对于电荷静止时所观察到的场称为静电场。如果电荷相对于观察者运动，则除静电场外，还有磁场出现。除了电荷可以引起电场外，变化的磁场也可以引起电场，前者为静电场，后者叫作涡旋电场或感应电场。变化的磁场引起电场，所以运动电荷或电流之间的作用要通过电磁场来传递。

　　但如果电子墨水仅具有可显示这一特性还远远不够，对于一款希望取代纸介质的电子显示设备而言，它还必须具有可读性及便携性。

"吸水大王"——高吸水性树脂

　　一些年轻的父母常为婴幼儿换尿布发愁，尤其在夜间更得辛苦操劳了。现在有一种尿不湿尿布，尿湿后几分钟就干，真可说是名副其实的"尿不湿"，为年轻的父母们带来福音。

吸水超强的高吸水性树脂

　　这是一种用吸水性特别强的高吸水性树脂制成的尿布，能像海绵吸水那样很快将尿吸干，尿布自然就容易干了。还有一种"尿不湿"纸尿布，即使吸入了相当于两瓶牛奶的 1000 毫升水，仍能滴水不漏，而且通气性好，对皮肤无副作用。更令年轻妈妈们放心的是，这种纸尿布吸湿后，衬在婴儿臀部的尿布还会自动收缩成皱褶，将婴儿臀部轻轻托起，免去淹浸肌肤之忧，也避免了夜间换尿布的麻烦。

　　对于失禁的老年病人和生理期的妇女，由这种高吸水性树脂和棉、纸组成的夹层材料，不仅吸收能力强，而且柔软舒适，不会使人有累赘之感。

　　高吸水性树脂是以淀粉和丙烯酸盐为原料制成的一种吸水性很强的聚合物，能吸收相当于自身重量的 500～1000 倍的水分，而且保存水的能力也特别强，即使用力挤压，依然滴水不漏，真可称得上是位"吸水大王"。

　　这种树脂为什么能大量吸收和保存水分呢？原因就在于树脂中含有像藤条一样的高分子链。在吸水前，这些呈紧密固体状的高分子链，相互缠绕卷曲，并在一部分链之间形成相互交错的网状结构；遇到水时，在网状结构中的离子由于所带电荷相同，便互相排斥，结果就将高分子链充分地扩展开了。也就是说，这时的网状结构好像一个拉开的大网兜，因而可以吸收和储存大量的水分。

　　高吸水性树脂容易制作，成本低，因而在医用和食品包装方面得到了广泛的应用。用高吸水性树脂可制成能吸收伤口渗出液的绷带和能吸收渗血而又便于呼吸的鼻腔用棉塞。此外，还可用它制成外用软膏和人造皮肤。这种人造皮肤和其他材料组合后，具有良好的渗透性和药物保持能力，同时还可防止细菌侵入。由于高吸水性树脂吸水后形成的水膜对人体器官具有润滑和缓冲作用，因而将各种导管和内窥镜涂上高吸水性树脂膜后会减轻病人的痛苦，以便顺利进行诊断和治疗。这种树脂还是制作高级隐形眼镜片的优质材料。常用的人工关节的活动接合面不像天然关节那样经常有渗出的体液润滑，长久使用就会使人工关节产生磨损和掉屑。

　　现在，日本研制出一种高吸水性树脂水凝胶，将它放在人工关节活动接合面代替软骨膜，就会避免出现上述现象，以保证人工关节的正常活动。这种树脂水凝胶的弹性、变形性、复原性和润滑性等功能都与人体组织相仿。

　　用高吸水性树脂制成的塑料膜是一种很好的保鲜包装材料，用于存放蔬菜、水果，可以长期保持水分和防止腐烂。日本一家电器公司研制成一种接触脱水纸，是由高吸水性树脂、高浓度蔗糖溶液层、半渗透分离膜和不渗水的基板层组成。这种脱水纸真是身手不凡，只要将它的分离膜面与生鱼肉接触，生鱼肉中的水分就会源源不断地向蔗糖中渗透，并被高吸水性树脂膜吸收，仅需一夜的时间，新鲜的生鱼肉就变成了生鱼干。这种简便的脱水方法

适用于许多类似食品和蔬菜的加工与封装。

"吸水大王"最引人注目的是可用来改造沙漠和防止土地沙漠化。现在，全球每分钟有10公顷土地被沙漠吞噬掉。改造沙漠的关键是防止水分的流失，而高吸水性树脂正好具有吸水和保持水分的特殊本领。我国研制成的 SA 吸水树脂，就是一种较理想的农林土壤保水剂，吸水能力极强。

科学家们已研制成一种具有很强的吸水保湿功能的高吸水性树脂保湿剂，它是由淀粉和丙烯酸盐形成的高分子聚合物，能吸收相当于自身重量500～1000倍的水分，其中95%可供植物吸收。科学家们曾进行过这样的实验：在温室内施用这种保湿剂后，小麦产量提高15%，大豆产量提高25%。这充分说明高吸水性树脂保湿剂有可能在未来改造沙漠中发挥重要作用。日本计划开发出一种含高吸水性树脂和有机、无机营养剂的复合保湿剂，供沙漠缺水地区使用。高吸水性树脂的出现，无疑为人类改造和绿化沙漠增添了一种有效的手段。

神通广大的液晶与液晶纤维

◎ 神通广大的液晶

1888 年，奥地利科学家 F. 莱尼策尔就发现了液晶这种奇特的物质。说它奇特，是因为它不像普通物质直接由固态晶体熔化成液体，而是经过一个既像晶体又似液体的中间状态，同时它还具有液体和晶体的某些性质，所以人们给它起了个形象的名字——液晶。

液晶的最大特点是，既具有液体的流动性，又具有晶体的各向异性。当液晶的温度上升到一定值后，它就成为普通的透明液体，可以自由流动；而当温度降低到液晶的下限温度后，液晶又变为普通晶体，失去流动性。在这一转变过程中，有时还伴随着颜色和色调的变化，这就给液晶显露才华提供了舞台。

液晶问世后，由于当时科学技术水平的限制，这种材料并未受到应有的重视。直到 20 世纪 60 年代，它才有了用武之地，开始在电子表和计算器等许多方面大显身手。

液晶的电脑显示器

1968 年，人们发现液晶对光、磁、电、温度等都非常敏感，即使这些外界作用因素很微弱，也能使液晶发生相应的变化。

光控开关效应是指液晶具有像电门开关那样能控制光线从自身通过的本领。如果将液晶夹在两个透明电极板之间，并在电极板下面放有用灯光照射的数字表格。当在透明电极板上接通电路时，电极板下面的一部分光便不能通过，原来有数字为部分就会变黑，数字就看不见了；若去掉电压，电极板下面的数字又会显示出来。这也就是电子计算器能显示数字的秘密所在。

液晶为什么能控制光线通过呢？原来液晶的分子沿一定方向有秩序地排列着，当有电压作用时，就会改变排列方向，引起光线传播方向的改变，阻挡了光线的通过。人们利用液晶的这种特长，制成了各种数字和图像的显示装置。

液晶的显示本领主要用于电子器件的显示上，如电子表、计算器、电视机监控盘、汽车仪表盘的液晶显示器、打印装置的液晶快门和温度计的液晶传感器。这种电光液晶显示器是由贴有透明电极的两片玻璃基板，中间填充液晶组成的。液晶只要受少量的电能的激发，就会发出光来。电子表和计算器的每个数是由 7 条液晶显示器拼成 8 字形，它随着接点的变化显示出 0 ~ 9 的数字。

如果将电极板改为矩阵式电极，就可以在平面上显示出图像。由于液晶显示器都是很薄的器件，不像电视显像管那样要求电子枪保持较大的发射距离，因而可制成很薄的、图像清晰的电视机。一种超薄型可以像画一样挂在墙上的液晶彩色电视机已经进入了千家万户，真可说是技艺非凡了。

此外，还可以利用液晶显示器显示出的明暗制作快门。用这种快门组合成电子计算机打印输出的印刷头，具有动作快、分辨力强的特点，从信号发生到消失仅需1/1000秒钟。

利用液晶对光、磁、电、热等都非常敏感的特点，可制成各种液晶传感器。例如，将液晶吸收的光波转换成颜色、温度和压力的变化，制成温度传感器、压力传感器和气敏传感器等。已投入市场销售的新型液晶体温计，比常用的水银体温计好用得多，特别受到儿童们的喜爱。这种体温计是将少量液晶包上一层透明胶质，形成很多的微胶囊，把它们混在油墨里，然后将这种油墨涂在一条塑料带上，就成了能显示温度的液晶带。它有从 $36 \sim 40℃$ 的 5 个色标读数，只要把液晶带往患者的脑门一贴，就能很快显示出病人的体温，既简便又快捷。人体各部位的温度实际上是不相同的，但由于温度相差很少，普通的体温计和仪器很难测出来，而液晶体温计却可以毫无遗漏地反映出来。它在升温过程中，液晶的颜色从红色开始，然后逐渐变为绿色、蓝色……最后为紫色。

作为温度传感器，除了制作体温计外，它还有许多特殊的用场。例如，在工厂车间里的加热器上贴上液晶标志，当加热器的外壁温度超过限度时，液晶标志就会显示出"当心烫手"的字样，提醒人们注意。又如，当气温下降、道路结冰时，贴在路旁的液晶路标也会提醒骑车和驾车人员"注意安全"。

通常，微波、红外线、液体和气体的流量和流速的变化，也能引起温度的微弱变化，这些变化也可利用液晶探测器显示出来。另外，人们还制成了一种恒温器液晶开关，它在 $-30 \sim 150℃$ 的温度范围内的控制准确度为 $0.1℃$，因而可最大限度地减少恒温器的温度偏差。

液晶在工业生产上可用来进行无损探伤。只要将液晶材料涂在被检验的零件或材料表面，然后将零件或材料加热或冷却，液晶便会显示出不同颜色，从而可直观地探测出零件或材料的裂缝或缺陷。这种方法特别适合于对飞机、导弹和宇宙飞船等的检查。

◎ "梦的纤维" ——凯芙拉纤维

液晶的分子排列虽然不像固体结晶那样有序，但也不是像液体那样无序，而是按一定的方向排列着。如果将液晶这种高分子聚合物纺成丝或注射成型，其分子将进一步排定方向，这种分子的排列方向，一旦冷却即被固定下来，从而可获得性能非凡的纤维、薄膜和塑料制品。例如，性能优异的凯芙拉纤维就是这种液晶产品的典型代表。

采用凯芙拉纤维制成的汽车轮胎

凯芙拉纤维的性能赛过钢铁和合金，被人们称为"梦的纤维"。这种液晶纤维的强度是钢的 5 倍，铝的 10 倍，玻璃纤维的 3 倍，能在 $-196 \sim 182℃$ 连续使用。它主要用作飞机的结构材料、轮胎帘子线、船体、运动器具、防护服装、缆绳等。例如，美国波音飞机公司的 767 型客机采用了 3 吨凯芙拉纤维与石墨纤维混合的复合材料，使机身重量减轻了 1 吨，与波音 727 飞机相比，燃料消耗节省 30%。用凯芙拉纤维增强的传送皮带、进料胶管等，比强度相同的钢丝增强材料轻得多，而且厚度薄，不受腐蚀，还具有不可燃、使用安

趣味点击　波音公司

波音公司是全球航空航天业的领军者，也是世界上最大的民用和军用飞机制造商。此外，波音公司设计并制造旋翼飞机、电子和防御系统、导弹、卫星、发射装置，以及先进的信息和通信系统。作为美国国家航空航天局的主要服务提供商，波音公司运营着航天飞机和国际空间站。波音公司还提供众多军用和民用航线支持服务，其客户分布极为广泛。就销售额而言，波音公司是美国最大的出口商之一。

全的特点。以凯芙拉纤维制成的系船缆绳用在液化石油气油船上，不会像钢丝绳那样容易引起火花，从而可避免引起火灾和爆炸的危险，使用安全可靠。

凯芙拉纤维还是目前制作天线塔拉索和支撑用的最理想的材料，因为它不导电也无磁性，意味着它不需要绝缘及专门的天线固定位置；它的强度高、延伸性小，所以能减少塔的偏斜，而且操作和安装都比较容易。法国的一个大型体育馆就使用了凯芙拉涂层织物及凯芙拉绳等，获得了预想的使用效果。

◐▶ 有"知觉"的材料——智能材料

近些年，韩国的一座桥梁在汽车经过时突然断裂，结果连人带车坠入滚滚的江流中，造成严重的人员伤亡，甚至还导致韩国的几名政府官员引咎辞职。这一起轰动世界的事故虽然和政府官员的疏于管理有关，但是，如果桥梁在刚刚出现裂纹还没有断裂之前能自己大喊"哎哟"向人们报警，提醒管理人员，则有可能避免这一起恶性灾难。或者，桥梁更"主动"一点，在出现裂纹后，自己能立即自动修补并加固如初，那也可能避免桥毁人亡的惨剧。也许有人会说，无生命的桥梁会自己喊"哎哟"，能自己修补裂缝，岂不像"天方夜谭"，纯属幻想吗？

现在，世界上差不多每年都要发生几起空难，飞机在天上飞着飞着，有时突然就"倒栽葱"掉了下来。调查结果表明，大多数空难都是飞机的一些关键或要害部位的零部件发生故障和疲劳断裂造成的。于是有人想，要是飞机上的机翼和发动机零件刚一出现裂纹，这些零件能自己大喊"救命"，或许就能提前防范，避免惨剧的发生，这似乎也是幻想。无生命的东西怎么能自己报警呢？

其实，幻想是人们在生活中渴求解决某些急迫问题的一种强烈的心灵反映，它往往是"发明之母"，是激发人们创造灵感的催化剂。正是这种幻想，导致人们去研究所谓有"感觉"或"知觉"的智能材料。

智能材料，其实也可以叫仿生材料。包括我们人类在内的许多生物体，就是天生的智能材料。你一定有过这样的经历：当人的皮肤划破后就会流血，但只要伤口不大，过不了一会儿，流血就会自动止住；再过一段时间，皮肤也会长好，自动"修补"得天衣无缝。有生命的机体可以自己修补缺陷，无生命的材料能够自我修补裂缝吗？

仿生材料制成的台灯

科学家们认为，在科学技术已相当发达的今天，研究出这种材料已具备一定条件。因此，在进入 20 世纪 90 年代后，世界上有相当一批科学家，包括化学家、物理学家、材料学家、机器人专家、系统控制专家、计算机专家、海洋工程和航空航天及其他领域的专家已联合起来，组成了一个研究团体，致力于智能材料的研究。

由于智能材料要能够对环境条件和自我状态的变化作出反应和预警，甚至进行自我诊断和"治疗"，因此它是一种比一般复合材料更复杂的综合系统和结构，它常常是把高技术传感器、敏感元件、传统结构材料、功能材料结合在一起，赋予材料崭新的性能，使无生命的材料变得有"感觉"和"知觉"。

飞机能飞，主要靠发动机和机翼，如果机翼断裂，就像飞鸟折断了翅膀。因此，在飞行中使机翼自己能"感觉"到将要发生故障，提前向飞行员发出警报并自行加固或修复是防止空难的关键。科学家们现在已着手研究这个问题并已找到很有希望的方法。

方法之一是在高性能的机翼材料中事先嵌入细小的光纤，由于机翼中布满了纵横交错的光纤，它们就能像"神经"那样感受到机翼上受到的不同压力，因为通过测量光纤传输光线时的变化，可以测出飞机机翼承受的不同压力，在受力极端严重的情况下，有些光纤就会断裂，光线传输就会中断，于是就能发出即将出现事故的警告，这就相当于向飞行员喊"哎哟"和"救命"。美国多伦多大学光纤智能结构实验室正在研究这种具有自己的"神经系统"的机翼。

但仅能发现问题和发出报警的材料还不能算高级的智能材料。只有在遇险时自己解决问题的材料才是最理想的。美国密歇根州立大学的甘迪教授领导的一个科研小组就在研究一种能自动加固的直升机水平旋翼叶片，当叶片在飞行中遇到疾风作用而猛烈震动时，叶片为防止过载受损会自动加固。原来，在这种叶片中，事先嵌进了均匀分布的极微小的压电材料，这种压电材料在一定电压条件下能从液体状态变为固体状态而使叶片自动加固，抵御疾风引起的过载破坏。

为了使飞机平稳飞行，美国弗吉尼亚理工学院和州立大学的智能材料研究中心在研究一种能减弱震动的飞机座舱壁纸。他们的设想是在座舱墙壁上装一种薄纸一样的压电材料装置，使墙壁震动的方式正好抵消飞机噪声的震动。如果这种智能墙纸研究成功，其用途就可以扩大到民用住宅中。比如，当住宅中的洗衣机等机器发生的噪声令人心烦时，智能墙纸可以使这种噪声减弱。

◤ 电致发热新材料——"电热涂料"

在日本一家化学公司的高级宾馆内，一场妙趣横生的烹调操作表演吸引了众多宾客。公司的技术人员信手取来一只普通的陶瓷菜盘，并随即在菜盘上涂刷一层薄薄的灰色涂料，而后在菜盘的两侧各安上一根电极。这样，普通的菜盘眨眼间便成了一只简易的陶瓷"煎锅"。当操作人员在两极上接通24伏的电源后，"煎锅"的温度瞬间就升到 100℃。此时，操作者迅速在"锅"底抹上少许动物油，并敲入一只生鸡蛋。只用 30 秒钟，一个黄澄澄的荷包蛋就呈现在人们的面前。宾客们品尝后，赞叹之余对菜盘上涂刷的奇妙涂料发生了极大的兴趣。

原来，这种奇妙的灰色涂料，就是该公司历经 10 年艰辛刚刚研究开发成

功的一种电致发热新材料，科研人员称其为"电热涂料"。它主要由一定的有机物和无机物混合而成，其基本制作过程是：首先在无机物的表面覆盖一层银和镍等金属，使之变成扁平状的导电填料；然后再把它分散到热硬化性树脂中。于是，导电填料变成了发热材料，而热硬化性树脂则形成涂膜。这种涂料状的液体，可用一般油漆刷或喷涂器具极为方便地涂到金属、塑料、织物等各

种材料表面上。在室温条件下，仅需 20 分钟，即可自行干燥。值得一提的是，"电热涂料"对某些置于水下的以及对人体构成危险的物体表面，照样能"一显身手"。不过，在喷刷前，要先在那些物体表面涂敷一层绝缘层，然后方可涂刷"电热涂料"。

　　将"电热涂料"涂刷在物体表面上以后，只需在涂膜并联的两个电极上，施加一定的交流或直流电压，电流就会流向导电填料，涂层立即升温发热。其温度高低主要取决于该涂料的物质成分、喷涂的厚度、施加电压的大小和两个电极间的距离。比如，同一组分和厚度的涂层，当电压一定时，两电极的间距越小，其表面温度越高；当电极间距固定时，施加电压越高，"电热涂料"的表面温度亦越高。在试验中，研究人员把两电极间距保持在 0.6 米，在电极间施加 6 伏或稍低于 6 伏电压，涂层表面温度可达30℃；如果施加 12～24 伏的电压，温度的范围能达到 30～60℃，

电致发热新材料——"电热涂料"

此时，电流约为800毫安；当施加的电压在24～100伏范围时，温度达到了60℃以上，这时，电流也随之增大到10安；一旦施加的电压增大到100伏，"电热涂料"的表面温度很快就高达100℃以上。由此可见，电极间距保持不变，根据不同场合的需求，只要施加相应的电压，便可获得适宜的温度。

实践证明，"电热涂料"用作发热体具有耗电少、热效率高、使用简便等独特的优点。采用"电热涂料"涂装的取暖板材或壁材，与一般用镍铬电热丝作发热体的电阻或取暖器相比，要达到同一温度效果，前者的耗电量只有后者的1/3。尤其是当涂层通电升温后，它会产生远红外辐射，其表面辐射出的热量极高。如果使用特殊组分的"电热涂料"，它的热量辐射可完全处在远红外区，其热效率将会更高。比如，在同一个空间要使温度上升10℃，用一般的取暖设备，每平方米需耗电180瓦；而采用涂覆"电热涂料"的取暖系统，每平方米仅耗电76瓦。同样，在某些设备的化霜装置中，使用现在的化霜装置，需消耗250千瓦的电能，才能达到目的；如果采用"电热涂料"，只需消耗76千瓦的电能即可获得相同的效果。

基本小知识

电 流

电流是指一群电荷的流动。大自然有很多种承载电荷的载子，例如，导电体内可移动的电子、电解液内的离子、等离子体内的电子和离子、强子内的夸克。这些载子的移动，形成了电流。电流的大小称为电流强度，是指单位时间内通过导线某一截面的电荷量，每秒通过一库仑的电量称为一安培。安培是国际单位制中的一种基本单位。

日本这家公司的专家们还对"电热涂料"在机翼除冰与除霜、汽车发动机启动、铁轨防冻、公路和屋顶融雪等200余项中的潜在用途作了鉴定。目前，他们正试图将"电热涂料"应用于便桶垫圈、人工假肢、地毯等方面。

"电热涂料"有着十分广阔的应用前景。将来，人们不必安装取暖管道，也无须添置电炉、红外取暖器之类的装置，只需在室内墙壁上涂抹一层薄薄的"电热涂料"，然后接通电源，便可在温暖如春的室内生活了。

复合材料

　　复合材料使用的历史可以追溯到古代。从古至今沿用的稻草增强黏土和已使用上百年的钢筋混凝土均由两种材料复合而成。20世纪40年代，因航空工业的需要，人们发展了玻璃纤维增强塑料，从此出现了复合材料这一名称。20世纪50年代以后，人们又陆续发展了碳纤维、石墨纤维和硼纤维等高强度和高模量纤维。20世纪70年代出现了芳纶纤维和碳化硅纤维。这些高强度、高模量纤维能与合成树脂、碳、石墨、陶瓷、橡胶等非金属基体或铝、镁、钛等金属基体复合，构成各具特色的复合材料。

什么是复合材料

现代交通的发展，对桥梁的营运质量和寿命提出了更高的要求。钢材的锈蚀是危及桥梁安全和耐久性的大敌，人们探索过很多防锈措施，但效果并不理想。

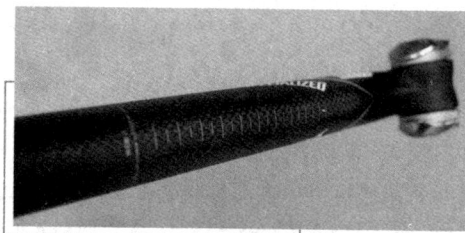

利用复合材料制成的产品

复合材料具有耐腐蚀、重量轻（容重只有钢材的 1/5 至 1/4）、强度高（强度高于高强钢丝或与之相当）等突出优点。为解决桥梁锈蚀问题，最近 20 多年中，人们把目光转向新型材料，复合材料建桥技术的研究与开发受到重视，并已取得实用性成果。

可以展望，在 21 世纪，随着复合材料工业的技术进步、规模生产和成本的下降，它在桥梁结构工程中的应用规模将不断扩大，必将把桥梁结构工程提高到一个崭新的水平。

复合材料是指人们运用先进的材料制备技术将不同性质的材料组分优化组合而成的新材料。目前，复合材料因其具有质量轻，较高的比强度、比模量，较好的延展性，抗腐蚀、隔热、隔音、减震、耐高（低）温等特点，已被大量运用到航空航天、医学、机械、建筑等行业。

复合材料技术发展现状

复合材料技术是一项具有战略意义的国防关键技术，在一定程度上，复合材料的研究水平和应用程度是一个国家科技发展水平的代表，特别是在飞机制造业，各种先进的飞机无不与先进的材料技术紧密联系在一起。以武装直升机为例，复合材料在先进武装直升机上的用量已高达50%（重量比）左右，复合材料应用的部位已从整流罩、地板、整体壁板等次承力结构向旋翼、框、梁等主承力结构方向发展，其典型代表有 NH－90、波音－360、V－22、RAH－66 等机型。

随着复合材料在飞机上应用比例的加大，在复合材料制造领域，先进的数字化设计制造技术和计算机辅助工程技术等得到了广泛应用。铺层、下料、浸渍、成型、固化等工序的模拟技术和 CAD（计算机辅助设计）、CAM（计算机辅助制造）、CAE（计算机辅助工程）技术的运用，大大降低了开发制造成本，提高了开发和制造效率。如今复合材料的制造技术正朝着自动化、低成本、整体化、数字化的方向发展。

趣味点击　武装直升机

武装直升机，又称攻击直升机，是一种装备进攻性武器的军用直升机，主要用于攻击地面目标如步兵、装甲车辆和建筑，其主要武器为机炮、机枪、火箭以及精密制导导弹。很多攻击直升机也可以装备对空导弹，但主要用于自卫。当今的攻击直升机主要有两个用途：为地面部队提供直接和精确的近距离空中支援；摧毁敌军集结的装甲目标。攻击直升机有时也会作为轻型直升机的补充，用以执行侦察任务。

在我国，复合材料技术还没有达到数字化设计和制造的程度。目前，我国国防工业复合材料产品的生产主要采用传统的设计和制造技术，与国外先进水平有很大的差距，而其中一个很重要的原因是缺乏成熟的数字化工程环境的支持。事实上，国外的研究和应用成果已经表明，在复合材料构件的设计制造过程中，不仅要采用单项数字化设计制造技术，而且要建立集成的数字化

利用复合材料技术制造的飞机

设计制造环境，分别从计算机软、硬件和复合材料的设计、制造技术角度出发，融合所有设计和制造的数字化过程，构建复合材料构件数字化生产线，实现产品数据从复合材料构件设计到最终交付的顺畅传递。国际复合材料技术目前的发展更倾向于利用虚拟的设计、制造、验证等一体化环境，将真实的设计、制造、材料、验证、应用乃至维修和全寿命周期管理等诸多环节统一起来，从而最大限度地缩短新产品的研制周期，降低研制成本，提高产品的市场竞争力，在这个过程中，CAE 技术已成为国防工业创新设计以及数字化设计、制造技术的核心之一。

复合材料在各领域的应用

◎ 现代精良武器装备的关键——复合材料

材料的复合化是材料发展的必然趋势之一。复合材料是人们运用先进的材料制备技术将不同性质的材料组分优化组合而成的新材料。复合材料与其他单质材料相比，具有高比强度、高比刚度、高比模量、耐高温、耐腐蚀、抗疲劳等优良的性能，备受各国技术人员的重视。因复合材料具有可设计性的特点，已成为军事工业的一支主力军，复合材料技术是发展高技术武器的物质基础，是现代精良武器装备的关键。目前军用复合材料正向高功能化、超高能化、复合轻量和智能化的方向发展，加速复合材料在航空工业、航天工业、兵器工业和舰船工业中的应用是打赢现代高技术局部战争的有力保障。

在军事应用中结构复合材料与功能复合材料的应用是最广泛的。其中结构复合材料在军事领域的应用如下：

1. 树脂基纤维复合材料。树脂基纤维复合材料是以纤维为增强体、树脂为基体的复合材料，所用的纤维有碳纤维、芳纶纤维、超高模量聚乙烯纤维等，基体一般为热固性聚合物和热塑性聚合物两类。

先进的树脂基复合材料具有优异的力学性能和明显的减重效果，在飞机等现代化武器领域得到普遍应用，美国的 F - 22 机身蒙皮采用的就是高强度、耐高温的树脂基复合材料，其中热固性复合材料用量高达23%。F－119发动机用树脂基复合材料取代钛合金制造风扇送气机区，可节省结构重量6.7千克；用树脂基复合材料风扇叶片取代现在的钛合金空心风扇叶片，减轻结构重量的30%。先进树脂基复合材料还可用于制造飞机的"机敏"结构，使承载结构、传感器和操纵系统合为一体，从而可以探测飞机飞行状态和部件的完整性，自行调节控制部件，提高飞机的飞行性能，降低维修费用，保证飞机安全。树脂基复合材料的应用已由小型、简单的次承力构件发展到大型、复杂的主要承力构件；从单一的构件发展到吸波结构、透波结构、防弹结构等多功能一体化结构。

聚氰酸脂基复合材料是先进树脂基复合材料的新类型，它的吸湿率低，具有优异的耐湿热性能，电性能尤其突出，主要用于雷达天线罩的制造。聚醚醚酮与碳纤维或芳酰胺纤维热压成型的复合材料强度极高，热变形温度为300℃，在200℃以下保持良好的力学性能，还具有阻燃性和抗辐射性，可用于机翼、天线部件和雷达罩等。芳纶纤维增强树脂

趣味点击　　F－18战斗机

F－18战斗机是美国海军专门针对航空母舰起降而开发的一种对空和对地全天候多功能舰载机，它同时也是美国军方第一架同时拥有战斗机与攻击机身份的机种，对于空间有限、舰载机数量不多的航空母舰而言，像F－18这种角色多变的机种，是非常优秀的配属选择，也是目前美国海军最重要的舰载机种。

金属基复合材料

基复合材料可用于火箭固体发动机壳体。由于芳纶具有良好的抗冲击性，已用于防弹头盔和防穿甲弹坦克；还可用作防弹背心的防弹插板，插于防弹背心的前面和后面，以提高这些部位的防弹能力；同时也是防弹运钞车装甲

的首选材料。聚丙烯腈基复合材料具有强度高、刚度高、耐疲劳、重量轻等优点，美国的 AV－8B 垂直起降飞机采用这种材料后重量减轻了 27% ，F－18 战斗机重量减轻了 10% 。

趣味点击 激光制导在军事上的应用

激光制导在军事上主要用于使导弹按一定导引规律飞向目标，这种导弹被称为激光制导导弹。激光制导导弹并不能发射激光，主要是接收激光。激光和导弹也不是安装在一块的，它的发射主要依靠两架飞机：一架叫激光照射机，一架是导弹携带机。激光照射机在对地面欲打击目标进行照射后，激光制导导弹的引导头立即接收到了回射的激光，经过滤光片由聚焦透镜聚焦到探测仪上，形成误差信号；误差信号再经计算机变成控制信号，再传送到另一飞机的执行系统，最终操纵导弹飞向打击目标。

2. 金属基复合材料。金属基复合材料是以金属或合金为基体，含有增强体成分的复合材料。金属基复合材料弥补了树脂基复合材料耐热性差（一般不超过 300℃）、不能满足材料导电和导热性能的不足，以其高比强度、高比模量、良好的高温性能、低的热膨胀系数、良好的导电导热性和尺寸稳定性在军事工业中得到广泛应用。金属基体主要有铝、镁、铜、钛、超耐热合金和难熔合金等多种金属材料，增强体一般可分为纤维、颗粒和晶须三类。

未来高技术战争，首先是信息技术的战争，随着电子技术的进步，电子芯片的集成度将越来越高，这就要求电子封装材料必须满足芯片的散热问题，研究表明碳化硅颗粒增强铝基复合材料具有高导热性能和低热膨胀系数且价格便宜，是一种非常有前景的电子封装材料。同时碳化硅颗粒增强铝基复合材料具有良好的高温性能和抗磨损的特点，可用于火箭、导弹构件，红外及激光制导系统构件，精密航空电子器件等。碳化硅颗粒增强铝基复合材料已用于 F－16 战斗机代替铝合金，其刚度和寿命大幅度提高。专家们的评估结果表明：碳化硅颗粒增强铝基复合材料的采用，可以大幅度降低检修次数，全寿命节约检修费用达 2600 万美元，并使飞机的机动性得到提高。此外，F－16 上部机身有 26 个可活动的燃油检查口盖，其寿命只有2000小时左右，并且每年都要检查2～3次。采用了碳化硅颗粒增强铝基复合材料后，刚度提高40%，承载能力提高28%，预计寿命可高于8000小时。这种金属基复合材料耐磨性极好，可作为火箭的飞行翼、箭头、箭体、结构材料，也可作飞机发动机中的耐热耐磨部件。

　　碳纤维增强铝、镁基复合材料在具有高比强度的同时，还有接近零膨胀系数和良好的尺寸稳定性，可成功地用于制作人造卫星支架、L频带平面天线、空间望远镜、人造卫星抛物面天线等。硼纤维增强金属基复合材料已用于制造幻影2000等军用飞机部件。碳化硅纤维增强钛基复合材料具有良好的耐高温的抗氧化性能，是高推重比发动机的理想结构材料，目前已进入发动机的试车阶段。世界上第一个在航空上应用的钛基复合材料的价格仍很昂贵，今后其用量的拓展将主要取决于成本的降低程度。在军事工业领域，金属基复合材料可用于大口径尾翼稳定脱壳穿甲弹弹托，反直升机（或反坦克）多用途导弹固体发动机壳体等部件。

　　3. 陶瓷基复合材料。陶瓷基复合材料是在陶瓷基体中引入第二相组元构成的多相材料，它克服了陶瓷材料固有的脆性，已成为当前材料科学研究中最为活跃的一个方面，并由微米级陶瓷复合材料发展到纳米级陶瓷复合材料。陶瓷基复合材料的基体有陶瓷、玻璃和玻璃陶瓷，主要的增强体是晶须和颗粒。陶瓷基复合材料具有密度低、抗氧化、耐热、比强度和比模量高、热机械性能和抗热震冲击性能好的特点，工作温度在 1250～1650℃，可用作高温发动机的部件，是未来军事工业发展的关键支撑材料之一。陶瓷材料的高温性能虽好，但其脆性大。改善陶瓷材料脆性的方法包括相变增韧、微裂纹增韧、弥散金属增韧和连续纤维增韧等。

　　陶瓷基层状复合材料具有独特的力学性能和抗破坏能力，可望在高温

陶瓷基复合材料

和机械冲击下作为使用部件的表面材料，主要用于制作飞机燃气涡轮发动机喷嘴阀，在提高发动机的推重比和降低燃料消耗方面具有重要的作用。氧化铝纤维增强陶瓷基复合材料可用作超音速飞机、火箭发动机喷管和垫圈材料。碳化硅纤维增强陶瓷基复合材料不仅具有优异的高温力学性能、热稳定性和化学稳定性，韧性也明显改善，可作为高温热交换器、燃气轮机的燃烧室材料和

航天器的防热材料。陶瓷基复合材料因其很高的使用温度（1400℃甚至更高）和很低的密度（$2 \sim 4$ 克/厘米^3），将成为未来高推重比发动机涡轮及燃烧系统的首选材料，如用于 F－119 发动机矢量喷管的内壁板等。目前，陶瓷基复合材料的可塑性还不强，因此只限用于少量非关键受力部件。

　　4. **碳基复合材料。**碳基复合材料是以碳为基体、碳或其他物质为增强体组合成的复合材料。碳－碳复合材料是耐温最高的材料，其强度随温度升高而增加，在2500℃左右达到最大值，同时它具有良好的抗烧蚀性能和抗热震性能，可耐受高达 10000℃ 的驻点温度，在非氧化气氛下其温度可保持到2000℃以上，已成功地用在导弹鼻锥、航天飞机机翼前缘、火箭发动机喷管喉衬等部位。目前先进的碳－碳喷管材料密度为 $1.87 \sim 1.97$ 克/厘米^3，环向拉伸强度为 $75 \sim 115$ 兆帕，远程洲际导弹端头帽几乎都采用了碳－碳复合材料，美国战略导弹弹头的防热材料也主要采用该种材料。随着现代航空技术的发展，飞机装载质量不断增加，飞行着陆速度不断提高，对飞机的紧急制动提出了更高的要求，碳－碳复合材料质量轻、耐高温、吸收能量大、摩擦性能好，用它制作的刹车片广泛用于高速军用飞机中。20 世纪 90 年代，德国与法国合作制成的"虎"式直升机旋翼桨毂由两块碳纤维复合材料星形板组

成；美国的 RAH‑66 "科曼奇"直升机机身采用碳纤维复合材料；美国将火箭发动机金属壳体改用石墨纤维复合材料后，其重量减轻了38000千克，并大大降低了研制成本。

下面，谈谈关于功能复合材料在军事领域中的应用。

功能复合材料是指除力学性能以外还提供其他物理性能并包括化学和生物性能的复合材料。功能复合材料设计自由度大，按功能—多功能—机敏—智能的形式逐步升级。功能复合材料将具有电、声、光、热、磁特性的材料，按不同的应用进行组合匹配，得到不仅保持原有特性，还产生一些新特性或具有比原来更优越特性的材料。现代化高技术常规战争极大地提高了武器的对抗性、精确性，未来的智能武器、隐形武器、电子战武器、激光武器以及新概念软杀伤武器的设防、跟踪，都将使功能材料成为关键技术。目前，功能复合材料涉及面宽，下面就军事领域较常用的功能复合材料做一简单介绍。

1. 隐身材料。隐身材料是实现武器隐身的物质基础。武器装备如飞机、舰船、导弹等使用隐身材料后，可大大减少自身的信号特征，提高生存能力。声隐身材料包括消声材料、隔音材料、吸声材料及消声、隔声、吸声的复合体，主要用于新一代潜艇。雷达隐身材料能吸收雷达波，使反射波减弱甚至不反射雷达波，从而达到隐身的目的。另外，一些由硅、碳、硼、玻璃纤维，以及某些陶瓷与有机聚合物构成的复合材料，有很高的机械强度，可用于制作部分结构件，如飞机蒙皮、雷达天线罩等，同时又具有隐身功能。

红外隐身材料主要用于车辆、舰艇、军用飞机及其他军用设施，使这些装备和设施的红外辐射与背景基本达到一致，敌人的红外探测器难以分辨。用铝粉及含有2价铁离子的材料作为填充料，加到能透过红

趣味点击

潜 艇

潜艇是一种既能在水面航行又能潜入水中某一深度进行机动作战的舰艇，也称潜水艇，是海军的主要舰种之一。潜艇在战斗中的主要作用：对敌方陆上战略目标实施核袭击，摧毁敌方军事、政治、经济中心；消灭运输舰船、破坏敌方海上交通线；攻击大中型水面舰艇和潜艇；执行布雷、侦察、救援和遣送特种人员登陆等。

外线的黏结剂中，可构成红外隐身涂料。可见光隐身材料通常由铝粉、多金属氧化物粉和有机物复合而成或由掺杂的半导体材料构成，可形成与背景颜色相匹配的迷彩图案，满足可见光隐身的要求。激光隐身材料用来对抗激光制导武器、激光雷达和激光测距机，要求这些材料对激光的反射率低，可吸收率高。对隐身材料来说，对某种探测手段的隐身性能好，往往对另一种探测手段的隐身性能就不好，即隐身材料的相容性问题。为解决以上问题，研制了兼容型隐身材料，如雷达波、红外兼容隐身材料，红外、激光兼容隐身材料，雷达波、红外、激光等多种兼容的隐身材料，这是当前隐身材料的发展方向。

带有红外隐身材料的舰艇

应用于隐身的现代隐身技术，除了热红外线和自身电磁隐身外，主要使用新型吸波材料，即在飞机表面涂抹能大量吸收雷达波的新型介质材料，将雷达电磁波吸收，使雷达无法发现，纳米复合材料是隐身吸波材料研究的重要方向。为应付不同雷达的不同工作方式，现在的隐身飞机已经开始有选择地使用吸波材料。目前，美、英等国正进行主动抵消技术的研究，即利用吸波材料先吸收大部分雷达波，剩下的少量的反射波再利用主动抵消技术将其全部抵消，雷达就会完全失去作用。美国的 F－117 战斗机采用 6 种吸波材料，机身、机翼和 V 型垂尾外表面贴吸波薄板或铁氧体复合涂层，起到很好的隐身效果，在 1991 年的海湾战争中出动 1000 多架次而无一受损，在国际上引起了极大的反响，可见隐身材料在高技术战争中的地位。

2. 智能材料。智能材料是把传感器、驱动器、光电器件和微型处理机等安装在复合材料结构中，具有感知周围环境变化的能力，针对这种变化具有自诊断功能、自适应功能、自修复功能且具有自决策功能的复合材料。智能材料成为当前研究的新热点。飞机上采用的智能结构是由各种智能材料制成的传感元件、处理元件和驱动元件组成的，而这三个组成部分相当于人的神经、大脑和肌肉。美国一家公司将光导纤维埋入树脂基复合材料制成机翼以提高飞机效率，这些光导纤维能像神经那样感知机翼上因气候条件变化而引起的压力变化，根据光传输信号进行处理后发出指令，通过驱动元件驱动机翼前缘和后缘自行弯曲。驱动可通过电流由压电陶瓷变形来实现，也可通过磁场由磁致伸缩材料变形来实现或通过加热由形状记忆合金发生位移来实现。智能材料压电陶瓷制成的传感器和驱动器可解决机翼和尾翼的振动问题，例如飞机垂尾的振动试验表明，振动减少了80%。智能材料还将在其他领域发挥它的聪明才智，例如美国正在制造一种小型智能炸弹，可使一架重型轰炸机同时精确攻击数百个独立目标，还准备给这种炸弹装上智能引信，巧妙地做到"不见目标不拉引信"。

在地面作战中，若要使坦克不被击中，除提高机动性能外，更重要的是发展"主动装甲"，即能预先识别目标，并利用诱饵触发和物理摧毁方法，破坏来袭兵器的由复合材料制成的合成系统，即在复合装甲中引入敏感、传感、微电子等材料和技术而构成的多功能智能材料系统。将新的控制爆炸材料、轻质多孔隔热、隔音、防火与防冲击材料用于坦克装甲车辆，就可以保证这些车辆中弹后能继续战斗。总之，智能材料虽然尚处于早期开发阶段，但正孕育着新的突破和大的发展。设计和合成智能材料需要解决许多关键技术问题，智能材料这一复杂体系的材料复合应能仿照生物模型，确保在设计的结构层次上将多种功能集于一体，建立起传感、驱动和控制网络，通过建立数学或力学模型，进一步优化。

◎ 军用复合材料的可设计性

复合材料已被广泛应用于飞机、火箭、人造卫星等各个领域，但复合材料的设计是一个复杂的系统性问题，它涉及环境载荷、设计要求、选材、成型方法及工艺过程、力学分析、检验测试、维护与修补、安全性、可行性及成本等诸多因素。对于飞机、火箭等军用材料，减轻结构重量、提高有效载荷是设计者追求的主题。材料的设计应从最大限度的安全性、可行性出发来考虑经济贡献，同时材料的选择应该满足复合材料设计中所提出的要求，符合军事工业领域的规范和要求；在设计军用复合材料及其结构时，必须进行系统的实验工作，了解并掌握复合材料及其结构在静载荷、动载荷、疲劳载荷及冲击载荷作用下的重要性能数据，为军用复合材料的设计提供科学的依据。在兵器高技术的迅速发展过程中，先进军用复合材料是国际兵器高技术发展的基础，应是多种学科的综合，复合材料整体化、优选化、智能化是未来高技术兵器发展的必然趋势。军用复合材料正向着低成本、高性能、多功能和智能化方向发展，在未来的军事高技术领域有着举足轻重的地位，并具有十分良好的产业化前景。

◎ 复合材料——未来桥梁工业的主要材料

复合材料是未来桥梁的主要材料

1. 复合材料在桥梁和承重结构中的应用不仅是可行的，而且具有广阔的发展前景。桥梁的技术进步总是和建桥材料的技术进步紧密相关的。复合材料所具有的轻质、高强和耐腐蚀等特性，是其具有发展前景的基本条件。可以预计，在21世纪，随着复合材料的大规模生产以及生产成本的下降，其在桥梁领域的应用范围将逐步扩大。如果说20世纪是以钢铁和水泥为主要建桥材料的时代，那么21世纪将有可能成为复合材料建桥逐步取代钢铁材料建桥的时代。

2. 采用复合材料做预应力混凝土桥梁的受力筋或做斜拉桥的拉索（或吊拉组合结构中的部分吊索），最能发挥其优良特性，应当作为复合材料在桥梁中应用的重点。

3. 在旧桥加固领域使用复合材料，所需费用不高，效果却很好，是值得首先推广应用的领域。

4. 复合材料在桥梁梁体和柱体（含拱肋）中的应用，宜采用复合材料与混凝土的组合结构，以便充分发挥两种材料的优点，降低成本。北京密云公路桥已有成功先例。美国加利福尼亚大学提出的"先进复合材料斜拉桥系统"，也体现了这种构思。只有超长跨径的桥梁，对减轻自重有特殊要求，其上部结构可全部采用复合材料，但要对桥面结构做特殊研究。

混凝土

混凝土是由胶凝材料、骨料和水按适当比例配置，再经过一定时间硬化而成的人工石材。混凝土硬度高、坚固耐用、原料来源广泛、制作方法简单、成本低廉、可塑性强，适用于各种自然环境，是世界上使用量最大的人工建筑材料。它被广泛用于房屋、桥梁、公路、跑道、挡土墙、护堤、涵洞、水坝、水箱、水塔、油槽、渠道、水沟、码头、防波堤、军事工事、核能发电厂等构造物。

5. 复合材料是突破桥梁跨径纪录的理想材料。

◎ 复合材料——航天动力的基础

火箭发动机是发射各种弹道导弹和航天飞行器的主要动力，是发展航天产业的基础。"发展航天，动力先行"是航天系统工程的标志之一，无论是固体火箭发动机，还是液体火箭发动机，都是用飞行器自身携带的推进剂作为工质，通过能量转换，把不同形式的能源中释放的能量转化为动能而产生推力。因此，不断提升能源物质的能量和减轻发动机自身的重量成为航天动力系统发展的两条主线，从而带动了高性能复合材料技术的发展和在航天领域的应用，包括高性能树脂基结构复合材料、高温抗烧蚀复合材料等。

固体火箭发动机以其结构简单、可靠、易于维护等一系列优点，被广泛应用于武器系统及航天领域。而先进复合材料的应用情况是衡量固体火箭发动机总体水平的重要指标之一。在固体发动机研制及生产中，尽量使用高性能复合材料已成为世界各国的重要发展目标，目前已拓展到液体动力领域。科技发达国家在新材料研制中坚持

航天动力的基础——复合材料

需求牵引和技术创新相结合，做到了需求牵引带动材料技术发展；同时，材料技术创新又推动了发动机水平提高的良性发展。目前，航天动力领域先进复合材料技术总的发展方向是高性能、多功能、高可靠及低成本。

作为国内固体动力技术领域专业材料研究所，西安航天复合材料研究所在固体火箭发动机各类结构、功能复合材料研究及成型技术方面具有雄厚的技术实力和研究水平，突破了国内固体火箭发动机用复合材料壳体和喷管等部件研制生产中大量的应用基础技术和工艺技术难关，为国内的固体火箭发动机事业做出了重要的贡献，同时牵引国内相关复合材料与工程专业总体水平的提高。该所建立以来，先后承担并完成了通信卫星"东方红二号"远地点发动机、气象卫星"风云二号"远地点发动机、多种战略（或战术）导弹复合材料部件的研制及生产任务。目前，西安航天复合材料研究所正在研制多种航天动力先进复合材料部件，并研制和生产了载人航天工程的逃逸系统发动机部件。

国外复合材料导弹发射筒在战略、战术导弹上被广泛采用，如美国的战略导弹"MX导弹"、俄罗斯的战略导弹"白杨M"均采用复合材料导弹发射筒。由于复合材料导弹发射筒相对于金属材料而言，结构重量大幅度减轻，使战略导弹的机动灵活成为可能。在战术导弹领域，复合材料导弹发射筒的应用更加普遍。

在航天动力领域，先进复合材料起着重要的作用。当前，复合材料技术的快速发展，使研制和应用高性能结构复合材料以及结构与功能一体化的高温烧蚀防热材料成为可能，先进的复合材料技术将给动力系统的研发提供强有力的技术支持，使发动机性能获得新的飞跃，将对我国航天事业的飞跃发展具有举足轻重的作用。

趣味点击

战略导弹

战略导弹是指用于打击战略目标的导弹。它是战略武器的主要组成部分，通常携带核弹头，射程通常在1000千米以上，用于打击敌方政治和经济中心、军事和工业基地、核武器库、交通枢纽等目标，以及拦截来袭战略导弹。以战略核导弹为代表的战略导弹是衡量一个国家战略核力量和军事科学技术综合发展能力的主要标志之一。

能源材料——新材料的
应用领域前沿

　　一般来说，凡是能源工业及能源技术所需的材料都可称为能源材料。但在新材料领域，能源材料往往指那些正在发展的、可以支持建立新能源系统满足各种新能源及节能技术的特殊要求的材料。

　　能源材料可分为燃料（包括常规燃料、核燃料、合成燃料、炸药及推进剂等）、能源结构材料、能源功能材料等几大类。按其使用目的又可以把能源材料分成能源工业材料、新能源材料、节能材料、储能材料等几大类。

核事业的重要材料——裂变材料和聚变材料

◎ 核材料

原子弹的核裂变

目前，对"核材料"这个名词没有统一的看法和定义。有人认为：它是对用于核科学和核工程的材料的总称；有的认为它是专指裂变反应堆和聚变反应堆所用材料；有的把它定义为裂变材料和聚变材料的总称，即与核燃料的概念相似。

广义的核材料是核工业及核科学研究中所专用的材料的总称，它包括核燃料及核工程材料（即非核燃料材料）。核燃料是指能产生裂变或聚变核反应并释放出巨大核能的物质。核燃料可分为裂变燃料和聚变燃料（或称热核燃料）两大类。裂变燃料主要指易裂变核素如铀235、钚239和铀233等。此外，由于铀238和钍232是能够转换成易裂变核素的重要原料且其本身在一定条件下也可产生裂变，所以习惯上也称其为核燃料。聚变燃料包含氢的同位素氘、氚，锂和其化合物等。核工程材料是指反应堆、核燃料循环和核技术中用的各种特殊材料，如反应堆结构材料、元件包壳材料、反应堆控制材料、慢化剂、冷却剂、屏蔽材料等。例如特种铝合金、特种不锈钢、特种陶瓷、高分子材料等。

知识小链接

同位素

　　同位素是同一元素的不同原子，其原子具有相同数目的质子，但中子数目却不同。同位素在元素周期表上占有同一位置，化学性质几乎相同，但因原子质量或质量数不同，所以其质谱性质、放射性转变和物理性质有所差异。同位素的表示是在该元素符号的左上角注明质量数。在自然界中天然存在的同位素称为天然同位素，人工合成的同位素称为人造同位素。

　　钍232和铀238是两种典型的核材料，它们吸收中子后，可生成新的易裂变材料铀233和钚239，钍232和铀238被称为可转换材料。铀238和钍232资源丰富，为核能的利用提供了广阔的材料来源。核材料均是放射性核素，使用时必须注意防护。对钚239、铀233、浓缩度超过20%的铀235必须实行严格的控制与管理，防止上述特种核材料被盗，用来非法生产核武器。安全保障规程适用于核燃料循环的全部环节，包括核燃料制造、发电、核燃料后处理、贮存和运输。核材料必须置于设有多重实体屏障的保护区内，并实行全面管制与统计，防止损失与扩散。

核材料助推火箭升天

◎中国核电发展总趋势

　　中国正在加大能源结构调整力度，积极发展核电、风电、水电等清洁优质能源。目前，中国能源结构仍以煤炭为主体，清洁优质能源的比重偏低。

中国目前建成和在建的核电站总装机容量约为 1400 万千瓦，预计到 2020 年约为 4000 万千瓦。到 2050 年，根据不同部门的估算，中国核电装机容量可以分为高、中、低三种方案：高方案为 3.6 亿千瓦（约占中国电力总装机容量的 30%）、中方案为 2.4 亿千瓦（约占中国电力总装机容量的 20%）、低方案为 1.2 亿千瓦（约占中国电力总装机容量的 10%）。

我国正在制定中国核电发展民用工业规划，预计到 2020 年中国电力总装机容量为 9 亿千瓦时，核电的比重将占电力总容量的 4%，即中国核电在 2020 年时将为 3600～4000 万千瓦。也就是说，到 2020 年中国将建成约 40 座相当于大亚湾那样的百万千瓦级的核电站。

拓展阅读

大亚湾核电站

大亚湾核电站位于中国广东省深圳市龙岗区大鹏半岛。1994 年，大亚湾核电站投入商业运行，成为中国第一座大型商用核电站。此后，我国在大亚湾核电站附近又建设了岭澳核电站，两者共同组成一个大型核电基地。

从核电发展总趋势来看，中国核电发展的技术路线和战略路线早已明确并正在执行，当前发展压水堆，中期发展快中子堆，远期发展聚变堆。具体地说就是，近期发展热中子反应堆核电站；为了充分利用铀资源，采用铀钚循环的技术路线，中期发展快中子增殖反应堆核电站；远期发展聚变堆核电站，从而基本上"永远"解决能源供求的矛盾。

火箭与导弹的动能——高能推进剂

下面给大家介绍两种高能推进剂：液体推进剂与固体推进剂。

◎ 液体推进剂

　　液体推进剂能量高、推力大，其发展水平与导弹技术密切相关，如液体导弹。液体导弹是指以液体火箭发动机作为动力装置的导弹。它有单级的导弹，也有多级的导弹；有战略导弹，也有战术导弹。液体战略导弹火箭发动机比冲较高，推力大，推进剂流量可调节，

液体推进剂的催放

能准确控制关机时间。液体导弹有推进剂贮箱和增压、输送系统，发动机还有喷注器和冷却系统等。因此，液体导弹结构复杂，体积较大。液体导弹的推进剂需有专用的运输、贮存、化验和加注设备，增加了地面设备，影响导弹的机动性。最早的液体导弹是第二次世界大战末期德国研制的 V－2 导弹。战后，前苏联、美国、中国等先后研制了液体导弹。如美国的"丘比特""大力神"和前苏联的 SS－6、SS－18、SS－19 等导弹。初期的液体导弹使用的推进剂，沸点低，不便贮存。从 20 世纪 60 年代开始，液体导弹广泛使用了可贮存液体推进剂；20 世纪 70 年代，美国的"长矛"导弹使用了预包装可贮存液体推进剂；20 世纪 80 年代末，美国的液体导弹已全部由固体导弹替换，前苏联的战略弹道导弹多数仍是液体导弹。

◎ 固体推进剂

　　固体推进剂是固体火箭发动机的动力源用材料，在导弹和航天技术发展中起着重要的作用，通常可分为双基推进剂、复合固体推进剂和改性双基推进剂。双基推进剂是硝酸纤维素与硝化甘油组成的均质混合物。复合固体推进剂是以高聚物为基体，混有氧化剂和金属燃料等组分的多项混合物。在双基推进剂中加入氧化剂和金属燃料就组成了改性双基推进剂。

　　复合固体推进剂的实际比冲可达 245～250 秒钟，密度为 1.8 克/厘米^3，

硝化甘油

硝化甘油是一种黄色的油状透明液体，这种液体可因震动而爆炸，属化学危险品。硝化甘油对人体危害极大，少量吸收即可引起剧烈的搏动性头痛，常伴有恶心、心悸、呕吐和腹痛等症状，面部发热、潮红；较大量会导致低血压、抑郁、精神错乱。同时硝化甘油也可用作心绞痛的缓解药物。

有良好的力学性能，采用壳体黏结式装药，在导弹和宇航火箭发动机中被广泛应用。而双基推进剂的实际比冲仅为200～220秒钟，密度为1.6克/厘米³，采用自由装填式装药，适用于常规武器。

复合固体推进剂既是固体发动机的燃料，又起到结构材料的一部分作用。所选用的聚合物的种类及其性质对推进剂的性能有很大的影响。因此，以各种聚合物为基体的推进剂得到不断发展。自1944年美国首先研究成功沥青－过氯酸钾复合固体推进剂以来，先后又研究成功聚硫橡胶型、聚氯乙烯型、聚氨酯型、聚丁二烯型等复合固体推进剂。目前，

复合固体推进剂

以端羟基聚丁二烯推进剂的性能最佳，并获得广泛应用。

取之不尽，用之不竭——太阳能电池

太阳能是人类取之不尽，用之不竭的可再生性能源，也是清洁能源，不产生任何的环境污染。在太阳能的有效利用当中，太阳能光电利用是近些年来发展最快、最具活力的研究领域，是其中最受瞩目的项目之一。为此，人

们研制和开发了太阳能电池。

制作太阳能电池主要是以半导体材料为基础，其工作原理是利用光电材料吸收光能后所产生的光电转化效应。根据所用材料的不同，太阳能电池可分为以下几种：

1. 硅太阳能电池。

2. 以无机盐如砷化镓 III – V 化合物、硫化镉、铜铟硒等多元化合物为材料的电池。

3. 功能高分子材料制备的太阳能电池。

4. 纳米晶太阳能电池等。

不论以何种材料来制作电池，对太阳能电池材料一般的要求有：①半导体材料的禁带不能太宽；②要有较高的光电转换效率；③材料本身对环境不造成污染；④材料便于工业化生产且材料性能稳定。

基于以上几个方面考虑，硅是最理想的太阳能电池材料，这也是太阳能电池以硅材料为主的主要原因。但随着新材料的不断开发和相关技术的发展，以其他材料为基础的太阳能电池也越来越显示出诱人的前景。

◎ 单晶硅太阳能电池

硅系列太阳能电池中，单晶硅太阳能电池转换效率最高，技术也最为成熟。高性能单晶硅电池是建立在高质量单晶硅材料和相关的成熟的加工处理工艺基础上的。现在单晶硅的电池工艺已趋近成熟，在电池制作中，一般都采用发射区钝化、分区掺杂等技术，开发的电池主要有平面单晶硅电池和刻槽埋栅电极单晶硅电池。提高光电转化效率主要是

单晶硅太阳能电池

靠单晶硅表面微结构处理和分区掺杂工艺。在此方面，德国费莱堡太阳能系统研究所保持着世界领先水平。

◎多元化合物薄膜太阳能电池

广角镜

硅

硅是一种化学元素，它的化学符号是Si，它的原子序数是14，属于元素周期表上IV_A族的类金属元素。硅原子有四个外围电子，与同族的碳相比，硅的化学性质更为稳定。硅是极为常见的一种元素，然而它极少以单质的形式在自然界出现，而是以复杂的硅酸盐或二氧化硅的形式，广泛存在于岩石、沙砾、尘土之中。在地壳中，它是第二丰富的元素，构成地壳总质量的25.7%，仅次于第一位的氧。

为了寻找单晶硅电池的替代品，人们除开发了多晶硅、非晶硅薄膜太阳能电池外，又不断研制其他材料的太阳能电池。其中主要包括砷化镓III－V族化合物、硫化镉、碲化镉及铜铟硒薄膜电池等。上述电池中，尽管硫化镉、碲化镉多晶薄膜电池的效率较非晶硅薄膜太阳能电池效率高，成本较单晶硅电池低，并且也易于大规模生产，但由于镉有剧毒，会对环境造成严重的污染，因此，并不是晶体硅太阳能电池最理想的替代品。

砷化镓III－V化合物及铜铟硒薄膜电池由于具有较高的光电转换效率受到人们的普遍重视。砷化镓（GaAs）属于III－V族化合物半导体材料，其能隙为1.4电子伏特，正好为高吸收率太阳光的值，因此，是很理想的电池材料。

砷化镓等III－V化合物薄膜电池的制备主要采用MOVPE和LPE技术，其中MOVPE方法制备砷化镓薄膜电池受反应压力、III－V比率、总流量等诸多参数的影响。

1998年，德国费莱堡太阳能系统研究所制得的砷化镓太阳能电池转换效率为24.2%，为当时的欧洲纪录。另外，该研究所还采用堆叠结构制备砷化镓电池，该电池是将两个独立的电池堆叠在一起，砷化镓作为上电池，下电池用的是锑化镓，所得到的电池效率达到 31.1% 。

铜铟硒简称 CIS。铜铟硒材料的能隙为 1.1 电子伏特，适于太阳光的光电转换，另外，铜铟硒薄膜太阳电池不存在光致衰退问题。因此，铜铟硒用作高转换效率薄膜太阳能电池材料也引起了人们的关注。

铜铟硒电池薄膜的制备主要有真空蒸镀法和硒化法。真空蒸镀法是采用各自的蒸发源蒸镀铜、铟和硒，硒化法是使用硒化氢（注：硒化氢是目前世界上最臭的物质）叠层膜硒化，但该法难以得到组分均匀的铜铟硒。

日本松下电气工业公司开发的掺镓的铜铟硒电池，其光电转换效率为 15.3% （面积 1 平方厘米）。1995 年，美国可再生能源研究室研制出转换效率为 17.1% 的 CIS 太阳能电池，这是当时世界上该电池的最高转换效率。到了 2000 年铜铟硒电池的转换效率达到了 20% ，相当于多晶硅太阳能电池。

铜铟硒作为太阳能电池的半导体材料，具有价格低廉、性能良好

铜铟硒是不错的太阳能电池半导体材料

和工艺简单等优点，将成为今后发展太阳能电池的一个重要方向。唯一的问题是材料的来源，由于铟和硒都是比较稀有的元素，因此，这类电池的发展必然受到限制。

◎ 聚合物多层修饰电极型太阳能电池

在太阳能电池中以聚合物代替无机材料是刚刚开始的一个太阳能电池制作的研究方向。它的原理是利用不同氧化还原型聚合物的不同氧化还原电势，在导电材料（电极）表面进行多层复合，制成类似无机 P – N 结的单向导电装置。其中一个电极的内层由还原电位较低的聚合物修饰，外层聚合物的还原电位较高，电子转移方向只能由内层向外层转移；另一个电极的修饰正好

拓展阅读

硅光电池

硅光电池是一种直接把光能转换成电能的半导体器件。它的结构很简单，核心部分是一个大面积的 P－N 结，把一只透明玻璃外壳的点接触型二极管与一块微安表接成闭合回路，当二极管的管芯（P－N 结）受到光照时，你就会看到微安表的表针发生偏转，显示出回路里有电流，这个现象被称为光生伏特效应。硅光电池的 P－N 结面积要比二极管的 P－N 结面积大得多，所以受到光照时产生的电动势和电流也大得多。

相反，并且第一个电极上两种聚合物的还原电位均高于后者的两种聚合物的还原电位。当两个修饰电极放入含有光敏化剂的电解波中时，光敏化剂吸光后产生的电子转移到还原电位较低的电极上，还原电位较低电极上积累的电子不能向外层聚合物转移，只能由外电路通过还原电位较高的电极回到电解液，因此外电路中有光电流产生。

由于有机材料具有柔性好、制作容易、材料来源广泛、成本低等优势，从而对大规模利用太阳能、提供廉价电能具有重要意义。但以有机材料制备太阳能电池的研究仅仅刚开始，不论是使用寿命，还是电池效率都不能和无机材料特别是硅材料电池相比（如硅光电池），能否发展成为具有实用意义的产品，还有待于进一步的研究探索。

◎纳米晶化学太阳能电池

在太阳能电池中，硅系太阳能电池无疑是发展最成熟的，但由于成本居高不下，远不能满足大规模推广应用的要求。为此，人们一直不断在工艺、新材料、电池薄膜化等方面进行探索，而这当中新近发展的纳米二氧化钛晶体化学能太阳能电池受到国内外科学家的重视。

自瑞士格拉特教授研制成功纳米二氧化钛化学太阳能电池以来，国内一些单位也正在进行这方面的研究。

纳米晶化学太阳能电池（简称 NPC 电池）是由一种在禁带半导体材料修

饰、组装到另一种大能隙半导体材料上形成的，窄禁带半导体材料采用过渡金属钌以及锇等的有机化合物敏化染料，大能隙半导体材料为纳米晶二氧化钛并制成电极，此外 NPC 电池还选用适当的氧化－还原电解质。纳米晶二氧化钛工作原理：染料分

纳米晶化学太阳能电池

子吸收太阳光能跃迁到激发态，激发态不稳定，电子快速注入紧邻的二氧化钛导带，染料中失去的电子则很快从电解质中得到补偿，进入二氧化钛导带中的电子最终进入导电膜，然后通过外回路产生光电流。

　　纳米晶二氧化钛太阳能电池的优点在于它廉价的成本和简单的工艺及稳定的性能。它的光电效率稳定在 10% 以上，制作成本仅为硅太阳能电池的 $1/10 \sim 1/5$，寿命能达到 20 年以上。但由于此类电池的研究和开发刚刚起步，估计不久的将来会逐步走上市场。

◎ 太阳能电池的发展趋势

　　作为太阳能电池的材料，III－V 族化合物及铜铟硒等是由稀有元素所制备，尽管用它们制成的太阳能电池转换效率很高，但从材料来源看，这类太阳能电池将来不可能占据主导地位。而另两类电池纳米晶太阳能电池和聚合物修饰电极太阳能电池的研究刚刚起步，技术不是很成熟，转换效率还比较低，这两类电池还处于探索阶段，短时间内不可能替代硅系太阳能电池。因此，从转换效率和材料的来源角度讲，今后发展的重点仍是硅太阳能电池，特别是多晶硅和非晶硅薄膜电池。由于多晶硅和非晶硅薄膜电池具有较高的转换效率和相对较低的成本，将最终取代单晶硅电池，成为市场的主导产品。

　　提高光电转换效率和降低成本是太阳能电池制备中考虑的两个主要因素，对于目前的硅系太阳能电池，要想再进一步提高转换效率是比较困难的。因

此，今后研究的重点除继续开发新的太阳能电池材料外应集中在如何降低成本上，现有的高光电转换效率的太阳能电池是在高质量的硅片上制成的，这是制造硅太阳能电池最费钱的部分。因此，在保证光电转换效率仍较高的情况下来降低衬底的成本就显得尤为重要。也是今后太阳能电池发展急需解决的问题。近来国外曾采用某些技术制得硅条带作为多晶硅薄膜太阳能电池的基片，以达到降低成本的目的，效果还是比较理想的。

基本小知识

太阳能

太阳能，一般是指太阳光的辐射能量，在现代一般用作发电。自地球形成以来生物就主要以太阳提供的热和光生存，如人类以阳光晒干物件，并作为保存食物的方法。但在化石燃料减少的情况下，人类才有意进一步发展太阳能。太阳能的利用有被动式利用和光电转换两种方式。广义上的太阳能是地球上许多能量的来源，如风能、化学能、水的势能等。

微型发电厂——燃料电池

◎ 什么叫燃料电池

简单地说，燃料电池是一种将存在于燃料与氧化剂中的化学能直接转化为电能的发电装置。科学家们将燃料和空气分别送进燃料电池，电就被奇妙地生产出来。它从外表上看有正负极和电解质等，像一个蓄电池，但实质上它不能"储电"而是一个微型发电厂。燃料电池的概念是1839年提出的，至今已有170多年的历史。

◎ 燃料电池的特点

燃料电池十分复杂，涉及化学、热力学、电化学、电催化、材料科学、电力系统及自动控制等学科的有关理论，具有发电效率高、环境污染少等优点。总的来说，燃料电池具有以下特点：

1. 能量转化效率高。它直接将燃料的化学能转化为电能，中间不经过燃烧过程，因而不受卡诺循环的限制。目前燃料电池系统的燃料与电能的转换效率在 $45\% \sim 60\%$，而火力发电和核电的效率在 $30\% \sim 40\%$。

2. 有害气体的排放量及噪声的产生量都很低。燃料电池的二氧化碳排放量因能量转换效率高而大幅度降低，无机械振动。

3. 燃料适用范围广。

4. 建设方便，使用灵活。燃料电池的规模及安装地点灵活，燃料电池电站占地面积小，建设周期短，电站功率可根据需要由电池堆组装，十分方便。燃料电池无论作为集中电站还是分布式电站，或是作为小区、工厂、大型建筑的独立电站都非常合适。

5. 负荷响应快，运行质量高。燃料电池在数秒钟内就可以从最低功率变换到额定功率，而且电厂离负荷可以很近，从而改善了地区用电的电压波动，降低了现有变电设备和电流载波容量，减少了输变线路投资和线路损失。

拓展阅读

额定功率

额定功率是指电器正常工作时的功率，即电器在正常运行工作状况下，动力设备的输出功率或消耗能量的设备的输入功率。它的值为用电器的额定电压乘以额定电流，常以"千瓦"为单位，也指工厂生产的机器在正常工作时所能达到的功率，即平常所说的某机器的功率。

◎ 超晶格电解质材料——新燃料电池材料

西班牙研发人员开发出一种可有效地提高燃料电池效率的超晶格电解质材料，较当前的固体氧化物燃料电池可大大地降低成本。西班牙研究人员称这类超晶格电解质的离子导电率较常规的燃料电池器件提高了近 1 亿倍。这项新技术已得到了美国能源部所属的最大的科学和能源研究实验室——美国橡树岭国家实验室的认可。

据称若在汽车用燃料电池中采用这类新型超晶格电解质，则可以大大提高电池的效率并降低生产成本。

橡树岭国家实验室材料科学技术部门的技术人员说："我不知道若燃料电池采用这类超晶格电解质具体能将效率提高多少，但我可以肯定地讲它将大大地降低燃料电池的成本。"

固体氧化物燃料电池要求工作温度高于1000℃，但新的超晶格电解质不仅具有更高的渗透性——以便提高燃料电池的效率，同时可以在接近室温的温度下工作，这样不仅降低了其本身的温度，而且它不像固体氧化物燃料电池一样需要"热身"一段时间后才能工作。

固体氧化物燃料电池的阴极和阳极被固体电解质分开，通过固体电解质的带正电荷的氧离子数量与电路中通过的带负电荷的电子数量相等。电路的外部与燃料电池的电极相连。固态电解质与福特、大众、通用和其他公司正在着手研发的燃料电池中所采用的聚合物电解质膜功能相同。

固态氧化物燃料电池的效率受限于电解质传送氧离子的能力，而氧离子要在固态电解质的原子间传递。为了获得更高效率，固态电解质燃料电池的工作温度通常高于1000℃。新的超晶格电解质材料内部结构具有更宽的缝隙让氧离子通过，而不必由一个原子传送给另一个原子。这样即便在室温条件下，材料的原子导电率也有了极大的提高。

新材料采用锆氧化物层和钛酸锶氧化物层交叠，这类膜质材料氧离子渗透性的增强要归因于交叠层中的失配晶格。橡树岭国家实验室开发人员称他们用分辨率约0.6埃（光谱线波长单位）的对比扫描传送电子显示镜观察到了失配晶格和由此产生的缝隙。

技术人员表示："据我们观察发现，因氧化层之间的晶格失配导致了大量氧离子通道的形成。"

◎ 风能材料的基础——叶片

对于风力发电而言，碳纤维是即将来临的潮流，而风力发电的基础——叶片也将会受到这场潮流的"洗礼"。

一般较小型的叶片（如22米长）选用量大价廉的玻璃纤维增强塑料，树脂基体以不饱和聚酯为主，也可选用乙烯酯或环氧树脂，而较大型的叶片（如42米以上）一般采用碳纤维增强复合材料或碳纤维与玻璃纤维的混合复合材料，树脂基体以环氧为主。通用风能的叶片工程的全球经理说，设计师们在寻找轻质高强度材料的过程中，选择了碳纤维应用于叶片设计。因此，玻璃纤维和碳纤维是目前叶片制造中最为重要的两种材料。

叶片是风力发电机中最基础和最关键的部件，其良好的设计、可靠的质量和优越的性能是保证机组正常稳定运行的决定因素。

恶劣的环境和长期不停地运转，对叶片的要求是：比重轻且具有最佳的疲劳强度和机械性能，能经受暴风等极端恶劣条件和随机负荷的考验；叶片的弹性、旋转时的惯性及其振动频率特性曲线都正常，传递给整个发电系统的负荷稳定性好；耐腐蚀、紫外线照射和雷击的性能好；发电成本与维护费用较低。

为满足上述要求，提高机组的经济性，叶片的尺寸增大可以改善风力发电的经济性，降低成本。

1970年的风力机叶片主要由钢材、铝材或木材制成，今天选择的材料以玻璃纤维增强塑料居多，目前已开始采用碳纤维增强复合材料，叶片材料的开发顺应了叶片大型化和轻量化的方向发展。微、小型风力发电机也有采用木制叶片的，但木制叶片不易做成扭曲形。大、中型风力发电机很少用木制叶片，采用木制叶片的也是用强度很好的整体木方做叶片纵梁来承担叶片在工作时所必须承担的力和弯矩。钢梁玻璃纤维蒙皮叶片采用钢管做纵梁，钢板做肋梁，内填泡沫塑料外覆玻璃钢蒙皮的结构形式，一般在大型风力发电机上使用。叶片纵梁的钢管从叶根至叶尖的截面应逐渐变小，以满足扭曲叶片的要求并减轻叶片重量，即做成等强度梁。铝合金等弦长挤压成型叶片易于制造，可连续生产，又可按设计要求的扭曲进行扭曲加工，叶根与轮毂连接的轴及法兰可通过焊接或螺栓连接来实现。

铝合金材质的叶片重量轻，易于加工，但不能做到使叶根至叶尖的截面逐渐缩小，因为目前世界各国尚未解决这种挤压工艺。玻璃钢叶片，所谓玻璃钢，就是环氧树脂、不饱和树脂等塑料渗入长度不同的玻璃纤维或碳纤维而做成的增强塑料。

增强塑料强度高、重量轻、耐老化，表面可再缠玻璃纤维及涂环氧树脂，其他部分填充泡沫塑料。玻璃纤维的质量还可以通过表面改性、上浆和涂覆加以改进。

知识小链接

环氧树脂

环氧树脂是泛指分子中含有两个或两个以上环氧基团的有机高分子化合物，又称作人工树脂、人造树脂、树脂胶等。除个别外，它们的相对分子质量都不高。环氧树脂的分子结构是以分子链中含有活泼的环氧基团为特征，环氧基团可以位于分子链的末端、中间或成环状结构。由于分子结构中含有活泼的环氧基团，使它们可与多种类型的固化剂发生交联反应而形成不溶的具有网状结构的高聚物。它是一类重要的热固性塑料，被广泛用于胶黏剂、涂料等用途。

风力发电转子叶片用的材料根据叶片长度不同而选用不同的复合材料，目前普遍采用的是玻璃纤维增强聚酯树脂、玻璃纤维增强环氧树脂和碳纤维增强环氧树脂。

美国的研究表明，采用射电频率等离子体沉积去涂覆玻璃纤维，其耐拉伸疲劳就可以达到碳纤维的水平，而且经这种处理后可以降低能实际上导致损害的纤维间微振磨损。LM 玻璃纤维公司准备开发以玻璃钢为主，在横梁和叶片端部只少量选用碳纤维的 61 米大型叶片，以发展 5 兆瓦的风力机。碳纤维复合叶片随着发电机单机功率的增大，要求叶片长度不断增加，其在风力发电上的应用也将会不断扩大。对叶片来讲，刚度也是一个十分重要的指标。

研究表明，碳纤维复合材料叶片刚度是玻璃钢复合叶片的 2～3 倍。虽然碳纤维复合材料的性能大大优于玻璃纤维复合材料，但价格昂贵，影响了它在风力发电上的大范围应用。因此，全球各大复合材料公司正在从原材料、工艺技术、质量控制等各方面深入研究，以求降低成本。

◎ 绿色植物：可再生的能源材料

多年依靠房地产和旅游业过着舒适生活的毛伊岛人现在又回归了最原始的农业社会，通过种植常规的农作物，如甘蔗、玉米、藻类，甚至菠萝来提取他们生活所必需的燃料。他们从甘蔗中提取乙醚，用甘蔗渣发电，从藻类中萃取柴油，用家畜饲料来制造氢气。仅 2006 年一年，在毛伊岛的 3000 公倾土地上，他们就生产出 270000 吨甘蔗，最后提取出约 10 万立方米的乙醚。

夏威夷 90% 的能源依靠进口，这一尝试不仅可以解决夏威夷群岛能源紧缺的问题，岛上的子孙也能托父辈的福，不用担心会没有燃料和能源可用。事实上，甘蔗生产大国巴西在 20 世纪 70 年代就生产出车用乙醚汽油，巴西政府也一直在推广一种使用汽油和掺水乙醚混合燃料的绿色燃料汽车，巴西的双燃料汽车在巴西汽车总量中约占 84.1%。

用可再生的农作物和绿色植物生产能源现在已经成为许多担心能源缺乏的国家的最佳选择。正是这样的忧虑使人们把目光转向那些可能含有与能源成分一样的植物身上，如夹竹桃科、大戟科、萝摩科、菊科、桃金娘科以及豆科植物的根茎叶片中含有与石油成分相似的碳氢化合物。

美国加利福尼亚州境内生长的"鼠忧草"，1 公顷可提炼 1 吨生物石油；若经过杂交人工种植，每公顷产量可高达 6 吨。这种植物可以在沙漠和半沙漠地带生长，既不与其他植物争地，又能改善生态环境。目前美国已开始大面积种植这种油料植物。另外一种理想的生物石油提取植物是芒属作物"象草"，这种由日本科学家发现的芳草类植物具有很强的光合作用能力，一季就能长 3 米高，可以在任何环境生长，1 公顷平均每年可收获 12 吨生物石油。澳大利亚北部的桉叶藤和牛角瓜、美国西海岸附近海域中生长的巨型海藻、巴西热带雨林的"三叶橡胶树"和海南的油楠树，都是理想的生物石油来源。

基本小知识

热带雨林

热带雨林是地球上一种常见于约北纬10度、南纬10度之间热带地区的生物群系，主要分布于东南亚、澳大利亚、南美洲亚马孙河流域、非洲刚果河流域、中美洲、墨西哥和众多太平洋岛屿。热带雨林地区长年气候炎热，雨水充足，正常年降雨量为1750毫米至2000毫米，全年每月平均气温超过18℃，季节差异极不明显，生物群落演替速度极快，是地球上过半数动物、植物物种的栖息居所。

当然，这并不是说人类可以从此高枕无忧了。疯狂地开发利用，可能造成新的环境问题。比如为了大量种植甘蔗，巴西大量砍伐森林，单一的作物种植和森林数量减少使得巴西现在仍然是世界上主要的二氧化碳排放国之一。如何兼顾环境保护和能源生产，相信是未来的能源专家和政府需要共同协商和慎重考虑的。

◎ 世界上最小的燃料电池——直径只有3毫米

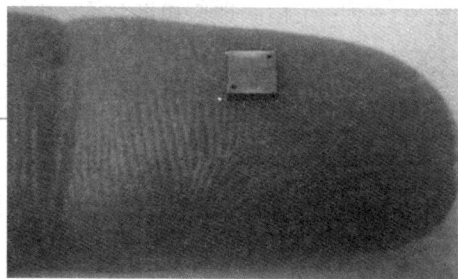

世界上最小的燃料电池

美国科学家最近研制出世界上最小的燃料电池，这种电池的直径只有3毫米，可以产生0.7伏的电压并能持续供电30小时。这种燃料电池可以在不消耗电的情况下发电，它由4个部分组成：上一层是储水池，下层是一个装有金属氢化物的燃料膛，中间以一层薄膜隔开，在金属氢化物的燃料膛下方，还有一组电极。薄膜上还有许多小孔，使得储水池中的水分子可以以水蒸气的形式进入燃料膛，水分子进入燃料膛后，与金属氢化物发生化学反应并产生氢气。氢气随之会充满整个燃料膛，并向上冲击薄膜，阻止水流继续流入，然后氢气会在燃料膛下层的电极处发生化学反应，形成电流。

这种电池体积非常小，而且重量轻，即使处于移动的旋转状态下，也能够很好地工作，因此它最适用于一些小电器。

➡ 未来的重要能源材料——氦3

◎ 什么是氦3

氦3是无色、无味、性能稳定的氦气同位素气体，是一种储存于气瓶中的高压气体，可用作聚变堆燃料，当其含量增加导致氧气含量低于19.5%时有可能引起窒息。

1996年，戴维·李、道格拉斯·奥谢罗夫和罗伯特·理查森因发现了氦3中的超流动性，共同分享了1996年度的诺贝尔物理学奖。

在自然界，存在着氦3和氦4两种同位素。氦4的原子核有2个质子和3个中子，称为玻色子；而氦3只有1个中子，称为费米子。20世纪30年代末期，卡皮查发现氦4的超流动性。朗道从理论上解释了这种现象，他认为当温度在绝对温度−270.98℃时，氦4原子发生玻色−爱因斯坦凝

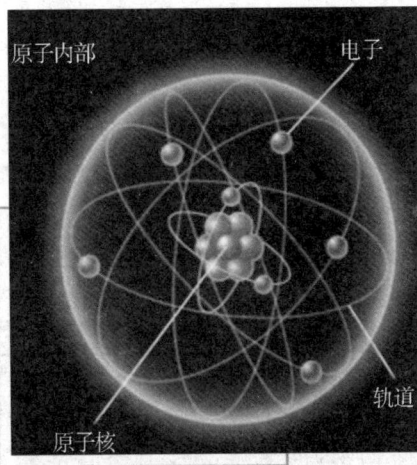

氦3的结构示意图

聚，成为超流体，而像氦3这样的费米子即使在最低能量下也不能发生凝聚，所以不可能发生超流动现象。金属的超导理论（BCS理论）的提出使得人们认为在极低温度下氦3也可能会形成超流体。但是人们一直未能在实验中发现氦3的超流动性。20世纪70年代，戴维·李领导的康奈尔低温小组首次发现了氦3的超流动性，不久，其他的研究小组也证实了他们的发现。

广角镜

核磁共振

核磁共振是磁矩不为零的原子核，在外磁场作用下自旋能级发生塞曼分裂，共振吸收某些频率的射频辐射的物理过程。核磁共振主要是由原子核的自旋运动引起的。不同的原子核，自旋运动的情况不同，它们可以用核的自旋量子数来表示。自旋量子数与原子的质量数和原子序数之间存在一定的关系。核磁共振在20世纪80年代开始应用于临床的影像诊断。它的基本原理是人体所含的氢原子在强磁场下会发生共振现象，产生一种高波数的电磁波。核磁共振正是利用这个性质，采用电子计算机对磁场的变化进行收集、处理并图形化。

氦3超流体的发现在天体物理学上有着奇特的应用。人们使用相变产生的氦3超流体来验证关于在宇宙中如何形成所谓宇宙弦的理论。研究小组用中微子引起的核反应局部快速加热超流体氦3，当它们重新冷却后，会形成一些涡旋球。这些涡旋球就相当于宇宙弦。这个结果虽然不能作为宇宙弦存在的证据，但是可以认为是对氦3超流体涡旋形成的理论的验证。氦3超流体的发现不仅对凝聚态物理的研究起了推动作用，而且在此发现过程中所使用的核磁共振的方法，开创了用核磁共振技术进行断层检验的先河，今天核磁共振断层检验已发展成为医疗诊断的普遍手段。

◎ 月球上的氦3资源将为人类造福

随着地球上石油、天然气等资源的不断开采消耗，人类未来的能源问题越来越为世界所关注。一些科学家2004年宣布了一个令人欣慰的消息：在月球发现的潜在氦3资源可能将成为解决这一问题的关键。

月球的氦3储量非常丰富：从月球采集的矿石样本显示，其中含有丰富的氦3。美国行星地质研究所地球与行星科学部的专家说："与地球相比，月球有着储量惊人的氦3。氦3与氘（氢的同位素）相结合所产生的核聚变反应能产生非常高的温度，并释放出巨大能量。"

"只要25吨氦3，一艘航天飞机就能运载，并且足以提供够美国用1年的电量。"泰勒在印度举行的月球开发国际会议上说。

泰勒估计，大约每 2 亿吨月球土壤中就可以提炼出 1 吨氦 3。

印度一位官员 2004 年在这一会议上发言时说："整个月球大约共有 100 万吨氦 3。月球上以氦 3 形式蕴藏的能量比地球上所有矿物燃料（石油、煤、天然气）的总和还多 10 倍。"

科学家认为，月球上的氦 3 来源于太阳风，混杂于土壤和岩石之中。人们要利用这一资源就必须进行提炼。例如，要从岩石中提炼氦 3，就要把岩石加热到 800℃以上。

基本小知识

太阳风

太阳风是一种连续存在，来自太阳并以 200～800 千米/秒的速度运动的等离子体带电粒子流。这种物质虽然与地球上的空气不同，不是由气体的分子组成，而是由更简单的比原子还小一个层次的基本粒子——质子和电子等组成，但它们流动时所产生的效应与空气流动十分相似，所以称它为太阳风。

不过，泰勒同时指出，把氦 3 转换成能源的核聚变技术目前仍处在研发阶段的初期，这项技术要成熟还需要多年时间。原因是现在还没有一种有效的核反应堆来处理氦 3，这种实验目前还只能在实验室中进行。按照现在的研究进度，还需要 30 年。

其他一些科学家认为，这种开发中的核聚变反应堆的一大优势是"安全"，甚至可以把它建在任何城市的闹市区。这点与现有的核裂变反应堆不同。

美国洛斯阿拉莫斯国家实验室行星学家劳伦斯说："月球上可能有储量巨大的氦 3。第一步是要进行勘察，找到氦 3 的聚集地。这样，当核反应堆技术成熟后，我们就能做好准备，提供准确信息。"

泰勒还说："美国目前很少有人会向从事非石油能源研究的项目提供资金。"他警告说："石油、煤、天然气等资源很快就将耗尽。到 2050 年，全球将面临严重问题。我们必须未雨绸缪。现在，我们做得还不够。如果我们关注月球，并有足够资金，我们就能干得很快。如果财政资源得到保障，这可以在 10 年内完成。"

◎ 氦 3 的巨大应用前景以及探月计划

未来氦 3 发电站的畅想

月球是解决地球能源危机的理想之地，氦 3 是一种目前已被世界公认的高效、清洁、安全、廉价的核聚变发电燃料。但氦 3 在地球上的蕴藏量很少，目前人类已知的容易取用的氦 3 全球仅有 500 千克左右。而根据人类已得出的初步探测结果表明，月球地壳的浅层内竟含有上百万吨氦 3。如此丰富的核燃料，足够地球人使用上万年。我国探月工程的一项重要计划，就是对月球氦 3 含量和分布进行一次由空间到实地的详细勘察，为人类未来利用月球核能奠定坚实的基础。

我国的探月计划中，有一件事情是外国从未涉足的：我国计划测量月球的土壤层到底有多厚，这对于我们计算月球氦 3 含量意义重大，如果工程顺利，我们估算氦 3 的资源含量可能要比前人更精确。最后，我们将研究地月空间环境，这对于地球环境和人类社会的发展都是至关重要的。

探测月球